# NEW ERA STYLE

ニューエラを楽しみ尽くす59の法則

INTROD
59FIFTY
59FIFTY

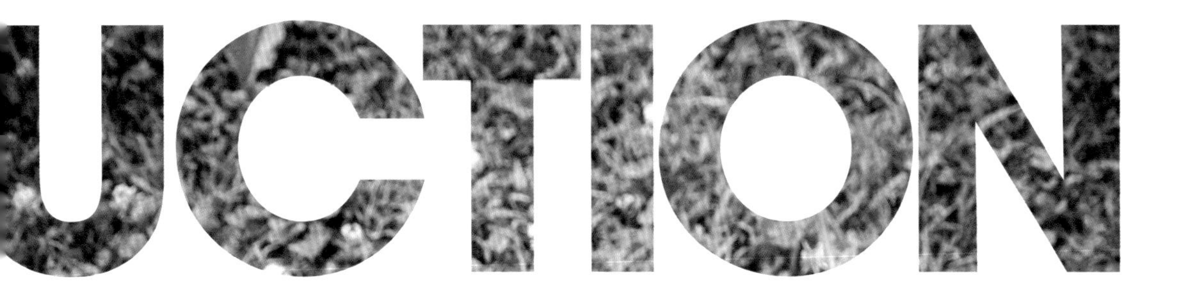


米国生まれのベースボールキャップであるNEW ERAが、ストリートシーンに欠かせない存在となって数十年が過ぎた。その時間の中で、ニューヨークでは子供から老人までがヤンキースのNEW ERAを日常的に使い、ニューヨーカーとしての誇りを主張しながら街を颯爽と歩いていただろう。パークに通うスケートボーダーは、それがユニフォームであるかのように9FIFTYと呼ばれるデザインのNEW ERAを前後逆にして被り、新しいトリックに挑戦していたの違いない。またある時代には新品の59FIFTYは成功したDJの証として広く知られるようになり、彼らに憧れる若い世代を大いに喚起しただろう。そうした歴史を経て、今やNEW ERAは日常風景のひとつになったのだ。

そして2023年の今、NEW ERAを手に取るファンの数が爆発的に増えている。MLBやWBCで日本人選手が華々しい活躍を見せ、スポーツカルチャーの分野で新たなNEW ERAファンを生み出した。その一方でSNSを日常的に使いこなすデジタルネイティブ世代が海外のムーブメントをリアルタイムで共有し、海外で火が付いたばかりの“カスタムキャップ”と呼ばれる新たなアイテム群を世に知らしめた。そこに触れた多くのファッショニスタが自身のコーディネイトにカラフルな59FIFTYを取り入れ始めたのである。

本書はこれからNEW ERAを手に取る新たなファンに対して基本情報と、その先にある素晴らしい“NEW ERA LIFE”の一端を紹介し、既にNEW ERAブームを享受しているファンが持つ情報のアップデートと補完を目的に、その歴史からディテールの意味、被る時の“お約束”まで様々なテーマで掘り下げた1冊だ。初心者であれば誰もが不安に感じるバイザー（つば）の曲げ方、そこに貼られるステッカーの正しい扱いから、被った後のメンテナンスについても紹介している。さらに古着屋で稀に出会うヴィンテージ系NEW ERAとの付き合い方と言った、上級者も楽しめるコンテンツを収録した。可能な限りカルチャーのバックストーリーにもフォーカスを当て、読み物としても成立するように構成したつもりだ。WEBで仕入れた情報ではなく、リアルなNEW ERAファンだからこそ作り得た1冊を、最後の1ページまで是非楽しんで頂きたい。

※本書に掲載したNEW ERAは注釈が無い限り全てライターの私物になります。NEW ERA JAPAN及び各店舗へのお問い合わせは、その旨の表記が無い限り、くれぐれもご遠慮ください。

第1章

# WHAT TH

# 今さら聞けない NEW ERAの基本

E NEW ERA

NEW ERAを楽しむ法則 01/59

# BASEBALL CAP／ベースボールキャップ

## NEW ERA好きを語るなら知っておくべき ベースボールキャップの歴史

バケットハットやビーニー（ニットキャップ）など、ストリートシーンで見かけるヘッドウエアは様々だが、ベースボールキャップが王道である事に異論を唱えるファッショニスタは少ないハズ。文字では“BBキャップ”とも表記されるアイテムのリーディングブランドがNEW ERAであり、その代表作である59FIFTYや9FIFTYはファッションアイテムとしてだけでなく、世界中に多くのコレクターを生み出している。世の中に数多のキャップブランドが存在するが、それ自体がコレクターズアイテムとして認知されている例はNEW ERAをおいて他には無いだろう。

もっともスポーツウエアとしてのベースボールキャップが誕生したのは、1903年のNEW ERA創業よりも45年ほど遡ると言う説が有力だ。1800年代に誕生したベースボールキャップがストリートシーンに定着した歴史は後のページで順を追って紹介するが、ここではカルチャーとしてのNEW ERA史に触れる前段として、ベースボールキャップ全体の歴史を簡潔にトレースしよう。

そもそもベースボールの試合で、キャップを被る理由について考えた事はあるだろうか。機能面でのメリットはあるけれど、そのルーツは“お洒落”とする説が有力だ。スポーツは上流階級が交流する場所として誕生した歴史があり、趣味に時間を費やす事は生活に余裕がある証でもあった。紳士淑女の嗜みとして、社交場にキャップを被って出かけるのは当然のマナーであるので、当初は殆どのスポーツでキャップが被られていたのである。但し身体を動かすとキャップが脱げてしまうため、比較的脱げにくいスポーツだったベースボールが消去法的に、“キャップを被る”文化が受け継がれたのだ。またチームが揃いのキャップを被る文化は、かつて存在した“ブルックリン・エクセルシオールズ”が、1858年に着用した丸い帽体（クラウン）と長いツバ（バイザー）を持つキャップを被った歴史を発祥とする説が最有力。一般的なベースボールキャップの形状を“ブルックリン・スタイル”と呼ぶのも、そのエピソードが由来なのだ。

**NEW ERA RC59FIFTY**
**Brooklyn Dodgers**

ベースボールキャップは、競馬のジョッキーが被るキャップから派生したとも伝えられている。当時のジョッキーキャップは柔らかいウール製が一般的で、現在発売されているNEW ERAではRC（レトロクラウン）と呼ばれるバリエーションモデルから、その面影を感じ取る事が出来るだろう。

## What The BASEBALL CAP

丸いクラウンにバイザーを取り付けた一般的なベースボールキャップは、1858年当時のエピソードから“ブルックリン・スタイル”とも呼ばれている。また1880年代から1900年代初期のチームが使用していた、クラウンの上部がフラットなベースボールキャップ“ピルボックス”、もしくは“シカゴ・スタイル”とするのが一般的。“ピルボックス”を被ったチームとしてはフィラデルフィア・フィリーズが有名であるものの、チームが着用した期間はわずか数年足らずで、殆どのシーズンでブルックリン・スタイルのキャップを使用していた事も知られている。

# 今さら聞けない NEW ERAを形作るパーツの名称 ファンコミュニティでは俗称も使われている

“ブリム”や“サイドパッチ”をはじめ、SNS上のNEW ERAコミュニティではベースボールのパーツやディテールを意味する専門用語が飛び交っている。そこには「知っていて当然」と言う空気があり、ハードルの高さを感じた経験もあるかもしれない。ここではNEW ERAの大定番モデル“59FIFTY”にフォーカスを当て、ベースボールキャップ特有のパーツ名称を紹介する。一般的な読み方だけでなく、可能な限り俗称も併記しているので参考にして欲しい。

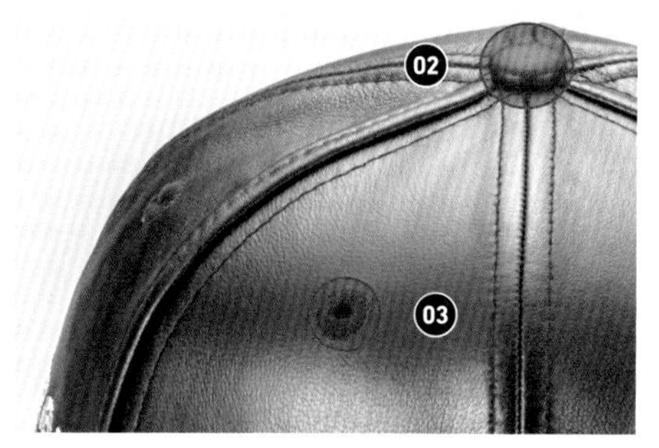


**01フロントパネル：**

本体を6枚のパーツで構成するベースボールキャップを“6パネル”と呼び、前方の2枚を“フロントパネル”と呼称する。一般的な59FIFTYでは内側に芯材が取り付けられ、直線的に立ち上がるシルエットをサポートしている。

**02天ボタン（てんぼたん）／トップボタン／ぼん天：**

キャップの頂点に取り付けられる“くるみボタン”。不用意に引っ掛けた際に外れてしまう事があるパーツだが、洋服の修理店などに持ち込めばリペアしてもらえるので安心しよう。

**03ベンチレーションホール／アイレット：**

各パネルに空けられている通気孔。汗がこもりやすいキャップには欠かせないディテールだ。NEW ERAではホール周りにカラー糸を使用して、アクセントとして活かしたモデルも少なくない。

**04サイドパネル／ミッドパネル：**

サイドビューから見た時に中央部に位置するパネルパーツ。近年の59FIFTYでは左のサイドパネルにフラッグロゴ、右にサイドパッチを刺しゅうしたカスタムキャップの人気が高い。

**05フラッグロゴ：**

NEW ERAブランドを象徴するフラッグロゴ。2016年以前のオンフィールドキャップ（選手が試合で着用する59FIFTY）ではフラッグロゴが無いタイプが一般的で、ファンから“オールドオーセン”と呼ばれている。

**06サイドパッチ：**

59FIFTYや9FIFTYの一部で見られる、右サイドに刺しゅうされるエンブレム。NEW ERAの公式アイテムでは、フロントロゴとサイドパッチの年代を合わせると言う厳格なルールが設定されている。

**07バックパネル／リアパネル：**

後頭部側を構成するパネルの名称。フロントパネルのような内側の芯材が無く、頭の形状にフィットするように設計されている。無造作に保管するとシワが入りやすいので、使用後のケアに注意を払いたい。

**08クラウン：**

キャップの本体部分を"クラウン"と呼ぶ。一般的にベースボールキャップの印象はクラウンの高さに左右されるとされ、高いクラウンはヘリテージ（伝統的）な見た目となり、低いタイプはカジュアル感を醸し出す。

**09バックパネルロゴ：**

多くの59FIFTYでは、バックパネルの後端にはスポーツ団体やブランド等のロゴが刺しゅうされている（例外あり）。MLBチームの59FIFTYであれば、"バッターマン"と呼ばれるMLBのロゴがインプットされているハズだ。

**10バイザー／ツバ：**

ベースボールキャップの"ひさし"部分。59FIFTYや9FIFTYの新品では平らな"フラットバイザー／平ツバ"が基本だが、出荷時に予めバイザーを曲げた"プレカーブド／PC"と呼ばれるバリエーションも増加中だ。

**11ブリム／アンダーバイザー／ツバ裏：**

ブリムは英語表記で"brim"。本来はバイザー全体を意味する単語なのだが、国内外を問わず、NEW ERAファンが用いる"ブリム"はアンダーバイザーを意味するのが一般的。

**12サイズシール／バイザーステッカー：**

モデル名とサイズが表記された"サイズシール"は、オフィシャル表記ではバイザーステッカーだ。出荷時にバイザーの表面に貼られているのが通常だが、素材やデザインによってはブリムに貼られている。

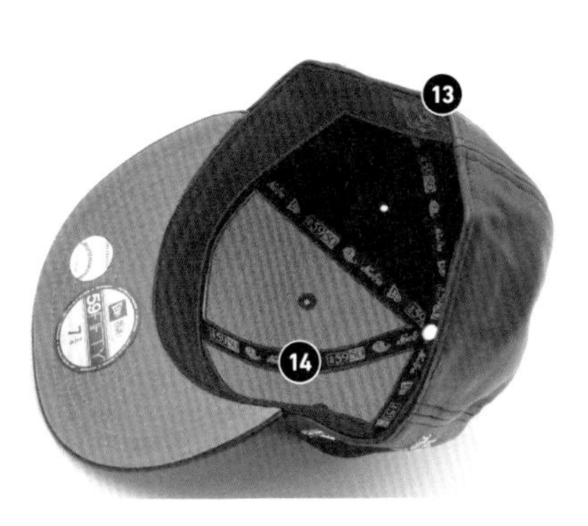

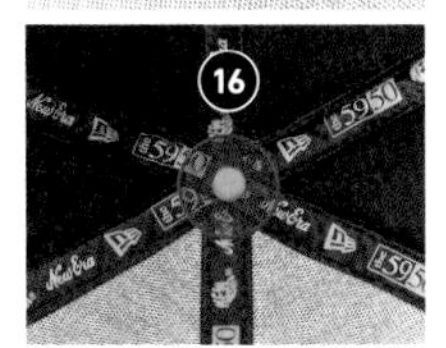


**13：スウェットバンド／ライナー／ライニング／汗止め／スベリ：**

呼び名のバリエーションが多いパーツで、オフィシャル表記は"スウェットバンド"。キャップ内部の汗が落ちてこないよう働きかけるパーツではあるものの、その吸湿力には限界がある。

**14バックラム／芯：**

59FIFTYや9FIFTYのフロントパネルに縫い付けられる芯材の事。フロントロゴを刺しゅうした後のパネルに芯材を縫い付けるため、ロゴの刺しゅうが内側に露出していないのが特徴だ。

**15インナーテープ：**

パネルの縫い目を保護するテープ。ブランドロゴとモデル名がプリントされるタイプが一般的で、一部のコラボモデル等ではプリントの無いインナーテープも使用されている。

**16ピン／留め具：**

天ボタンを固定するパーツ。一般的には金属製が使用されているが、レザー素材の59FIFTYでは、樹脂製が使用されるケースも確認されている。中国製の59FIFTYでは、フラッグロゴが刻印されるモデルが少なくない。

**17コレクションタグ：**

MLBモデルの59FIFTYではお馴染みの、ロゴカテゴリーを示したタグ。例えばMLBチームが過去に使用していたロゴを用いた59FIFTYであれば、"COOPERSTOWN COLLECTION"のテキストを記したタグが使用される。

**18ブランドタグ：**

フラッグロゴをデザインしたブランドタグは、NEW ERAの純正品の証。時代によって図案が変更されて来た歴史を持ち、ブランドタグのデザインで生産時期をある程度絞り込む事も可能だ。

**19サイズタグ：**

NEW ERAが使用するサイズ表記と、センチメートル式を併記したサイズタグ。画像は59FIFTY DAY記念モデルで採用された、旧デザインのサイズタグを復刻したデザインバリエーションだ。

**20コラボレーションタグ：**

ブランドやキャラクターコラボの一部に縫い付けられる、オフィシャル品の証となるコラボレーションタグ。画像のタグは『キン肉マン』29周年を記念してデザインされた59FIFTYに縫い付けられたもの。

NEW ERAを楽しむ法則 03/59

# NEW ERA ベースボールキャップ・コレクション!

## ベースボールキャップセレクション 自分に似合うNEW ERAが必ずある!

ストリートシーンの王道であり、性別や世代を問わず、国内外で人気が急上昇中のNEW ERA。ベースボールキャップのリーディングブランドであると共に、Tシャツからバッグまで幅広いプロダクトをラインナップするアパレルブランドで、ヘッドウエアだけにフォーカスしてもバケットハットやビーニー(ニットキャップ)、サウナハットまで精力的に展開している。とは言うものの本書を手にしているのは"NEW ERAのベースボールキャップ"に興味を持つ層だろう。ご存知の通りNEW ERAがラインナップするベースボールキャップには59FIFTYを筆頭に、9FIFTYや9FORTYと言ったプロダクトネームが与えられている。その数字や英表記の法則に関する公式アナウンスは無いものの、シルエットの違いを示しているのだ。さらにフロントの形状を整える芯材の有無や、バイザーのカーブ形状の違いと言ったバリエーションも発売されている。NEW ERAブランドのベースボールキャップの楽しみ方は、決してひとつでは無い。

NEW ERAに詳しい人であれば、そのキャップに多数のバリエーションがラインナップしているのは熟知しているだろう。ただ、NEW ERAを使いこなす上級者には既にお気に入りのシルエットがあるだろうし、他のモデルに興味を示さなくても不思議ではない。限られた予算(小遣い)の中でコレクションを充実させる意味でも、選択と集中も重要だ。ただ、周囲の親しい友人やSNS等のコミュニティで"NEW ERAに詳しい人"と言う評価を得ていれば、キャップ選びの相談を受ける機会が増えるのも必然だ。そしてNEW ERA選びの相談を受けた際に相手のスタイリングを考慮せず、自分の好みだけを押し付けるのは趣味人として褒められたスタンスとは言い難い。人気が急上昇している今だからこそ、少なくともベースボールキャップにカテゴライズされるNEW ERAの特徴を理解する事はファンの嗜みと評しても過言ではない。知識の再確認とアップデートの意味も込め、先ずはベースボールキャップのラインナップを復習しよう。

NEW ERA 59FIFTY
New York Yankees
Derek Jeter
バイザー前面にスペックシールが貼られた旧モデルの59FIFTY。

NEW ERA LP59FIFTY
New York Yankees
KITH 10th ANNIVERSARY
予めバイザーをカーブさせた"ロープロ"のバリエーションモデル。

NEW ERA RC9FIFTY
Los Angeles Dodgers
フロントパネルの芯を廃した"レトロクラウン"と呼ばれる9FIFTY

NEW ERA 9FORTY
New York Yankees
WORLD SERIES 2000
丸みのあるクラウンがカジュアル感を醸し出すバリエーション。

## NEW ERA BB CAP STYLE SAMPLE

NEW ERAを代表する4種のベースボールキャップを実際に着用。各モデルの詳細解説は別ページに掲載しているのでソチラを参考のこと。

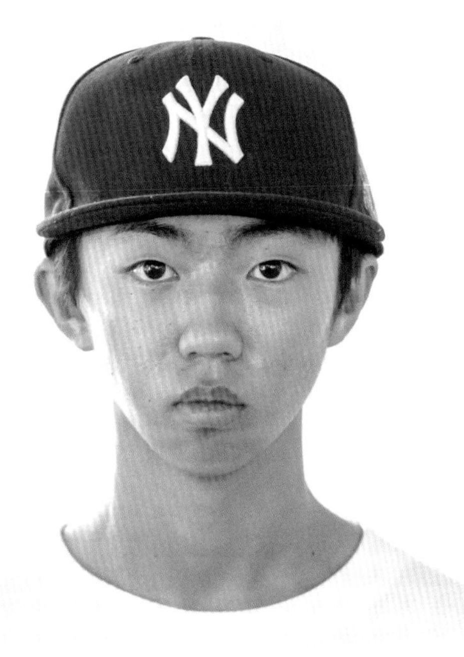

### 59FIFTY

フロントパネルの立ち上がりが特徴的な“59FIFTY”は、正面から見た際のボリューム感を演出可能。キャップでコーディネートのアクセントを演出するには最適だ。59FIFTYの解説はP.014を確認しよう。

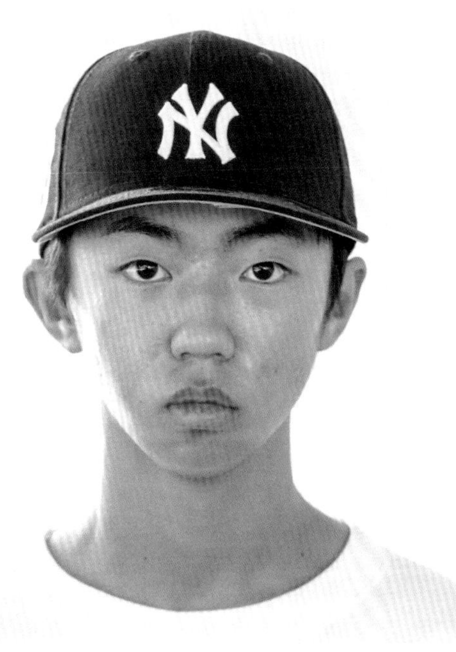

### LP59FIFTY

ブランドコラボのベースにも多用される“LP59FIFTY”は、頭の形に沿うようなシルエットが特徴。合わせるアパレル類もオーバーサイズではなく、ジャストサイズの相性が良いと言われている。LP59FIFTYの解説はP.016へ。

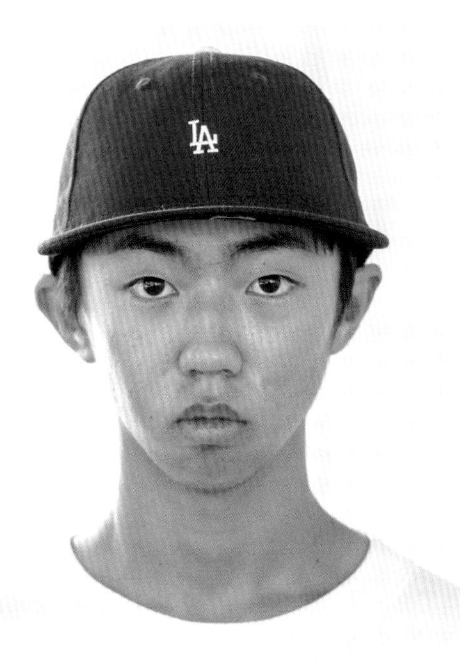

### RC9FIFTY

通常モデルであれば59FIFTYに似たシルエットとなる“9FIFTY”も、レトロクラウン仕様であれば全体的な高さが若干低くなり、カジュアルライクに使いこなせるハズ。ベースモデルの9FIFTYについてはP.018をチェック！

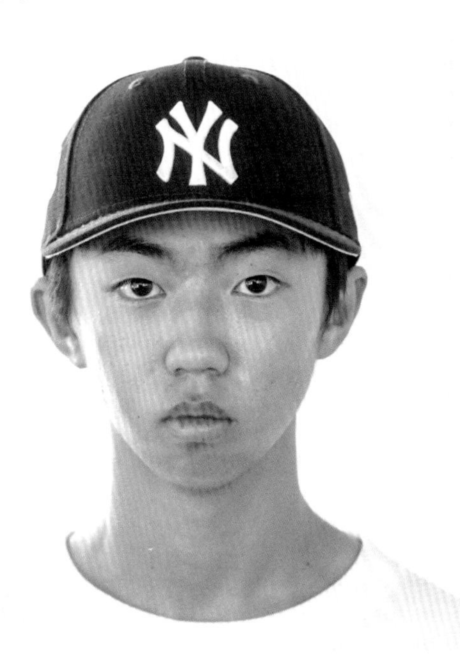

### 9FORTY

スナップバック仕様の“9FORTY”はレトロクラウンに近いシルエットだが、バイザーのカーブが若干きつく、よりカジュアル感のあるルックスに仕立てられている。P.020では9FORTYに加え、伸縮性に優れた生地を使用した39THIRTYも紹介しているのでお見逃しなく。

# SPORTS TEAM／スポーツチーム

## MLBに次ぐ人気カテゴリーはNBA 日本人プレイヤーの活躍にも注目

ご存知の通りNEW ERAの59FIFTYや9FIFTYには、MLB以外のプロスポーツチームモデルもラインナップしている。国内でもNBAやNFLモデルはお馴染みだし、海外のスポーツ店ではNHLやMLS（メジャーリーグサッカー）のNEW ERAも珍しい存在では無い。但しベースボールキャップである以上、国内外問わずMLBモデル人気が圧倒的。北米の大手キャップショップが運営する公式Instagramで、“59FIFTYの人気モデル投票”イベントが開催された際には、MLBモデルの投票カテゴリーが“ツートーン”や“アニマルロゴ”のように細分化されていたのに対し、NBAやNFLモデルは“それ以外”と一括りにされていた。識者は「MLBの人気はNFLやNBAに及ばない」と評しているが、NEW ERAカルチャーに限ってはMLB人気が突出しているのは事実で、アイテムのバリエーション数も圧倒的だ。逆に言えばMLB以外のモデルを被れば、そのスポーツへの愛情を強烈に主張できる事を意味するのである。

国内でMLBモデルに次ぐ人気を獲得しているのは、NBAチームのNEW ERAだ。NEW ERAを活かしたコーディネートはスニーカーとの相性が良く、スニーカーの人気シリーズ“AIR JORDAN”との関係性が深い、シカゴ・ブルズの59FIFTYや9FIFTYは代表的な人気アイテムだ。加えて2023年にはレイカーズモデル人気が急上昇。その理由は日本人NBAプレイヤーのひとり、八村塁選手の活躍に他ならない。今シーズンの途中にワシントン・ウィザーズからロサンゼルス・レイカーズにトレードされた八村選手がプレイオフシーズンで大活躍した事も記憶に新しく、レイカーズでの残留も発表されたので、NEW ERAでのレイカーズ人気は当分続きそうだ。

MLBモデルのNEW ERA人気が日本人メジャーリーガーの活躍と密接に関係しているように、八村選手やフェニックス・サンズの一員となった渡邊雄太選手に加え、日本人NBAプレイヤーがさらに増えれば、NBAモデルの人気も更に活性化する事は間違いないだろう。

**NEW ERA 59FIFTY**
**Los Angeles Lakers**
2000年から2005年の間に生産されたレイカーズモデル。この時代のNEW ERAでも、NBAモデルは比較的少数派だった。

**NEW ERA 59FIFTY**
**Brooklyn Nets**
バスケットボール風素材の59FIFTYは、NBAモデルで度々見られるバリエーション。フロントにデロン・ウィリアムス選手のナンバリングが刺繍されている。

**NEW ERA 59FIFTY**
**Chicago Bulls**
**COIN PARKING DELIVERY**
NBAモデルの59FIFTYには、ブランドコラボも展開されている。このモデルはスマートフォンでアートを描く、COIN PARKING DELIVERYとのコラボモデル。

**NEW ERA 59FIFTY**
**Pittsburgh Steelers**
NFLチームのNEW ERAもチームによっては国内でも入手可能だが、海外でのラインナップ数には遠く及ばないのが現状だ。

## SPORTS CATEGORIES

NEW ERAにはMLB以外の魅力的なプロダクトが多数リリースされているが、海外のスポーツ系オンラインショップを見た経験があるファンであれば、ライン·ナップ数の違いに圧倒されただろう。国内正規品のラインナップが日本の好みに合わせてセレクトされているのは間違いないものの、コレクター目線では海外の状況を羨ましく感じてしまうのだ。

# 59FIFTY／フィフティーナイン・フィフティ

## 憧れの選手と全く同じキャップを被る喜びはファンにとって最高のプレミアムだ

1954年に誕生して以来、NEW ERAを象徴するベースボールキャップであり続けている59FIFTY。読み方をカナ表記すると“フィフティーナイン・フィフティ”だ。サイズを調整する構造を持たない代わりに約1cm刻みでラインナップされ、一般的な成人対応モデルでは55.8cmから63.5cmまでを展開。さらにキッズやベビーサイズも用意され、その特徴から専門店ではFITTED（フィットさせた）、もしくはFITTED CAPとも表記されている。サイズを“お仕立て”した59FIFTYは素晴らしい被り心地を演出するだけでなく、スナップバック等のサイズ調整ディテールが無いため、バックパネル部のシルエットがスッキリしているのも特徴だ。一般的に59FIFTYには“フラットバイザー”と呼ばれる平たいツバが採用されている。そのまま被るだけでなく、好みに合わせてカーブさせてアレンジする事も正解とされ、現在ではカーブバイザーの需要を反映して、バイザーをあらかじめカーブさせたPC（プレカーブ）59FIFTYも発売されている。

ファンが59FIFTYを特別視する理由のひとつに“本物感”がある。NEW ERAは以前より、一般向けに販売する59FIFTYのオンフィールドキャップを、MLBチームと同じ仕様で仕立てていた。そして1993年にはMLB球団のオンフィールドキャップを独占的に製造する権利を獲得。一般に向けて発売されるオンフィールドキャップも、全く同じスペックで生産しているのだ。シンプルに言い換えれば、大谷翔平やアーロン・ジャッジが試合で被る“本物のベースボールキャップ”が、店頭で簡単に手にする事が出来るのである。スポーツシーンに由来するキャップの付加価値として、これ以上のモノは無いだろう。そうした背景もあり、NEW ERAのプロモーションビデオでも、スパイク・リー監督が“本物”である事が大切だと強調している。スポーツファンが愛用し、ブランドコラボやショップ別注のカスタムベースに59FIFTYが選ばれ続けているのも、世界最高峰のアスリートが使用する“本物”のベースボールキャップだからに他ならない。

**NEW ERA 59FIFTY
MFC STORE MS LOGO**

MLBのプレイヤーが着用する“本物”のベースボールキャップである59FIFTYは、セレクトショップが提案するコラボモデルのベースにも選ばれている。その背景には“本物”だけが持つ特別感が影響しているのは間違いなさそうだ。

**59FIFTY STYLE SAMPLE**

MLBとNBAの違いこそあるけれど、同じアメリカンスポーツにルーツを持つアイテムだけに、スニーカーと59FIFTの組み合わせはストリートの鉄板と評してむ過言ではないスタイリング。

撮影協力：MFC STORE NAKAMEGURO

# LP59FIFTY／ロープロファイル フィフティーナイン・フィフティ

## クラウンのスタイルをアレンジした 新たな59FIFTYの魅力を提案する"ロープロ"

NEW ERAの代名詞とも言える59FIFTYには、ディテールをアレンジしたバリエーションモデルも展開されている。中でも人気を急上昇させているのが、LP59FIFTYと呼ばれるプロダクト群だ。モデル名のLPとは"low-profile(ロープロファイル)"の略で、一般的には"ロープロ"とも呼ばれている。英語で"薄型"や"低姿勢"などの意味を持つlow-profileの表記通りに、通常の59FIFTYに比べるとクラウンが低めにデザインされたシルエットに整えられている。低めの高さに合わせるようにフロントパネルの立ち上がりも緩やかに変更され、真横から見るとより半球状に近い印象を受けるだろう。また多くのLP59FIFTYがバイザーを予めカーブさせた"CURVED VISOR"仕様でリリースされているのもポイントで、オールドスクール感を主張するベーシックな59FIFTYに対し、LP59FIFTYはライト層でも違和感なく手にする事が出来るハズ。実際に現在のセレクトショップの店頭では、LP59FIFTYを目にする機会が増えている。

ストリートシーンでLP59FIFTYの人気が上昇している理由は、現代のNEW ERAブームだけでなく、魅力的なコラボ展開があるのだろう。感度の高いセレクトショップのKITHや、ハイブランドのHELMUT LANGが提案したLP59FIFTYのコラボモデルを通して、LP59FIFTYに興味を持ったファッショニスタも居るに違いない。またコラボモデル以外のトレンドにフォーカスすると、通常の59FIFTYと同じく、サイドパッチ入りのMLBモデルはLP59FIFTYでも安定した人気を誇っているようだ。また人気モデルの良サイズは比較的早く良サイズが欠けてしまうものの、通常の59FIFTYの限定品ようにコレクターが発売直後に買い漁るケースは少ないようで、思わぬ場所でグッドデザインの逸品に巡り合えるのも魅力のひとつ。例えば北海道から沖縄まで展開するスポーツ店のムラサキスポーツは、通常のLP59FIFTに加え別注カラーも展開中(2023年6月現在)。頼れるショップとして、ファンの間で情報が共有されている。

**NEW ERA LP59FIFTY New York Yankees Aimé Leon Dore**
ニューヨーク州クイーンズに旗艦店を置く、スニーカーファンにもお馴染みの"エメ レオン ドレ"が提案するLP59FIFTY。

**NEW ERA LP59FIFTY Hidden NY**
SNSで情報を発信する事で知られるニューヨークブランド"ヒドゥン"コラボは、国内では入手困難なプロダクト。

**NEW ERA LP59FIFTY Helmut LANG**
一旦はブランド展開が休止されるも、2017年にリブランディングを果たした"ヘルムート ラング"が手掛けたワントーンモデル。

**NEW ERA LP59FIFTY New York Yankees briwn**
SNSで活躍するインフルエンサーの協力を得て、石川県のセレクトショップ"briwn"が別注したワーク感あふれるLP59FIFTY。

## RC59FIFTY STYLE SAMPLE

同じベースボールキャップでありながらデザインの主張は控えめで、リラックスしたスタイルとの相性も良いのも見逃せない。ブランドコラボのベースモデルに選ばれるのも納得のプロダクトなのだ。

撮影協力：MFC STORE NAKAMEGURO

# 9FIFTY／ナイン・フィフティ

## サイズ調整が可能で選びやすい 最も身近なNEW ERAキャップ

NEW ERAが展開するベースボールキャップにおいて、59FIFTYに勝るとも劣らない人気を誇る9FIFTY（ナイン・フィフティ）。バイザーやフロントパネルのヘリテージ感あふれるシルエットは59FIFTYから受け継ぎながら、バックパネルにサイズ調整が可能なギミックを搭載したプロダクトだ。スナップオン式でサイズ調整な樹脂製のベルトを用いた“スナップバック”が一般的だが、数は少ないもののレザーストラップにバックルを組み合わせた“ストラップバック”と呼ばれる9FIFTYも存在する。MやLのようにクラウンのサイズ展開が設定されたモデルもあるものの、基本的にはワンサイズでリリースされる事が多く、サイズ選びで迷わずに購入可能なユーティリティー性も人気の理由に挙げられる。また定価が59FIFTYよりも手ごろに設定されたモデルも多く、学生にとっては心強いハズ。幅広い層から支持を集める9FIFTYだけに取り扱い店舗の数も多いので、最も身近なNEW ERAと評しても過言ではないだろう。

9FIFTYには定番デザインのアイテムだけでなく、多くの限定品がリリースされているコレクター心理を刺激するベースボールキャップだ。限定品のベースに9FIFTYが採用される理由は、まさにサイズ調整が可能と言う特性にある。例えば人気イベントで販売する会場限定デザインのNEW ERAの場合、試着してサイズ合わせが必要となる59FIFTYがベースだと1人あたりの対応時間が長くなり、結果的に並ぶ時間も伸びてしまう。その点ワンサイズ展開の9FIFTYであればデザインやカラーを選ぶだけなので、対応の効率化に繋がるのだ。さらに特殊な例を挙げると、イベントや業界の関係者向けに配布する非売品モデルでも9FIFTYが使われるのが一般的。フリーサイズの9FIFTYで製作すれば、サイズが合わず大切なゲストに手渡せないと言ったリスクが回避できるのだ。熱心なNEW ERAコレクターは59FIFTYだけを追いかけがちだが、いわゆる“レアモノ”と評されるNEW ERAは、9FIFTYにも間違いなく存在している。

### 9FIFTYだからこそハマる 被り方のバリエーション

9FIFTYはバックパネルにサイズ調整用のベルトが搭載され、前後逆にNEW ERAを被った際のアクセントとなる。これは機械工などがキャップを逆に被る事に由来する“エンジニアード被り”と呼ばれ、アクティブな印象を醸し出すスタイリングだ。

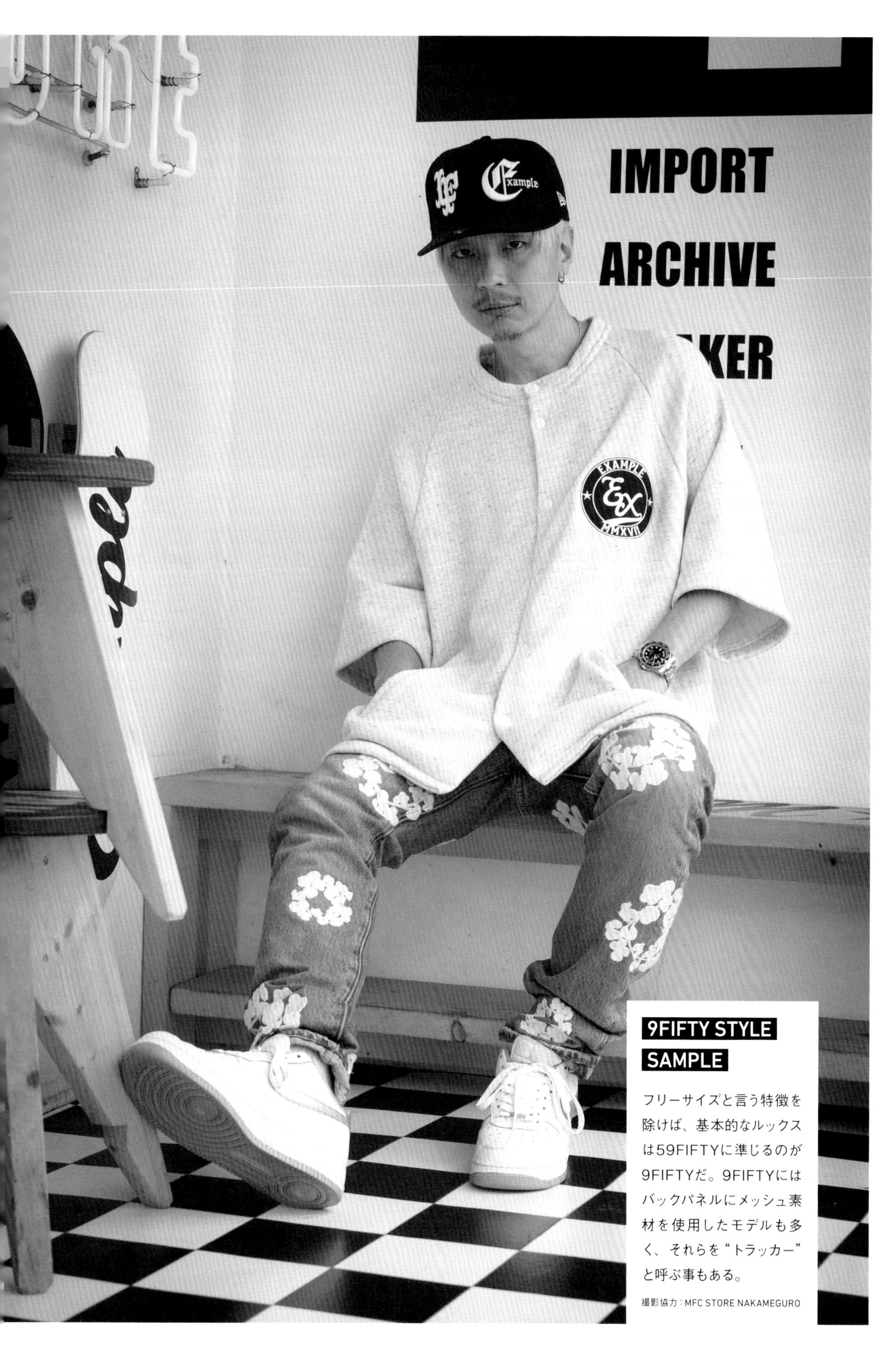


**9FIFTY STYLE SAMPLE**

フリーサイズと言う特徴を除けば、基本的なルックスは59FIFTYに準じるのが9FIFTYだ。9FIFTYにはバックパネルにメッシュ素材を使用したモデルも多く、それらを“トラッカー”と呼ぶ事もある。

撮影協力：MFC STORE NAKAMEGURO

# 9FORTY & 39THIRTY／ナイン・フォーティ & サーティナイン・サーティ

## 誰でもカジュアルな被り心地が楽しめる ユーザーフレンドリーなバリエーション

NEW ERAのメインストリームであるベースボールキャップのシルエットを継承しつつ、よりカジュアルに楽しめるバリエーションの代表が9FORTYと39THIRTYだ。セレクトショップやスポーツ店でもお馴染みの9FORTYは、丸みを帯びたクラウンと、強めにカーブさせたバイザーが特徴的。フロントパネルのインナーには保持力に優れた芯材を搭載して、シルエットが崩れないように保持している。また9FIFTYと同じく、バックパネルに装着されたアジャスターでサイズ調整が可能なのもポイントだろう。一般的には女性からの人気が高いと評されている9FORTYではあるものの、小顔の男性にも好評で、特に59FIFTYのようなオールドスクールスタイルのNEW ERAを“似合わないから”と避けている層でも違和感なく被れると言われている。MLBモデルも多数ラインナップする9FORTYは、アメリカンスポーツ系カジュアルとライトカジュアル双方の“美味しい部分”が楽しめる、コーディネートに取り入れやすいベースボールキャップだ。

様々なバリエーションを展開するNEW ERAファミリーでも、比較的新しくラインナップに加わったのモデルが39THIRTYだ。全体的に丸みを帯びたクラウンや、フロントパネルに芯材を装着する特徴は9FORTYと共通で、被った際の印象も良く似ている。筆者が所有する39THIRTYでは9FORTYよりもバイザーに強くカーブがかかっているが、39THIRTYは数を所有していないので、個体差の可能性は否定できない。39THIRTY最大の特徴は、クラウンに伸縮性のある生地を搭載している点だ。その特性により被った際のフィット感を向上させただけでなく、バックパネルにサイズ調整用のギミックを搭載していないにも関わらず、ある程度のフリーサイズ性を達成している。実際には“S／M”や“M／L”、そして“L／XL”のサイズが設定されているので、正しい意味でのフリーサイズとは言えないだろう。それでも1cm刻みに設定される59FIFTYと比べれば、サイズ選びは比べ物にならない程に楽な事は間違いないのだ。

NEW ERA 9FORTY New York Yankees WORLDSERIES

9FORTYのバックパネルには、サイズを調整するスナップベルトが装備されている。前後を逆にする、“エンジニアード被り”を好む層にもオススメできるプロダクトだ。

NEW ERA 39THIRTY ALL STAR GAME 2023

伸縮性のある生地を採用し、バックパネルからサイズ調整ギミックを廃したバリエーション。頭の形状にフィットする被り心地は、他のNEW ERAでは味わえない快感だ。

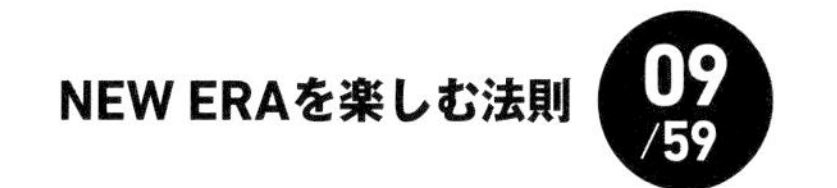


# FRONT LOGO／フロントロゴ

## ファンを満足させる立体刺繍の秘密
## 意外と奥が深いロゴ刺繍のバリエーション

59FIFTYや9FIFTYに刺繍される立体的なロゴは“立体刺繍”や“3D刺繍”と呼ばれ、ファンが“NEW ERA”らしさを感じるディテールのひとつ。平面的な仕上げとなる“フラット刺繍”にもレトロ感があり、根強い人気があるものの、NEW ERAのディテールとしては立体刺繍が人気なのは間違いない。ブランドの公式YouTubeチャンネルでは、59FIFTYの製造工程を追った動画が公開されているが、そこで紹介されているのはフラット刺繍で、立体刺繍の製法が気になっているファンも居るだろう。

この立体刺繍の内側には、ウレタンが詰まっている。NEW ERAはロゴに使用するウレタンの厚さを公開していないため一般的な製法として紹介すると、フロントパネルに厚さが1.5mm～3mmのウレタンシートを被せ、ウレタンシの上から刺繍を施していく。その後に余分なウレタンを取り除くと立体刺繍が完成するのだ。多くの59FIFTYでは立体刺繍とフラット刺繍を組み合わせ、より立体感のあるロゴに仕立てているのもポイントだ。

フロントロゴの立体刺繍はMLBやNBAモデルだけでなく、ロゴの存在感を強調する目的から、一部のコラボモデルも採用している。さらにMLBモデルのバックパネルにデザインされる“バッターマンロゴ（詳しくはP.024を参照のこと）”に立体刺繍が用いられるケースも多く、現在のNEW ERAにおいてはベーシックなディテールと評しても差し支えない状況だ。但しNEW ERAが立体刺繍を使用するようになったのは比較的最近の事で、ヴィンテージと呼ばれる世代の59FIFTYでは、フラット刺繍で仕立てたフロントロゴが基本だった歴史も付け加えておく。

もちろん知名度や人気の面では、立体刺繍に軍配があがる。それでも専門店が提案するカスタムキャップにて、あえてフラット刺繍をセレクトし、個性を演出したケースも知られている。特殊な例まで話題を広げれば、フロントロゴを金属パーツやラバーパーツに変更したモデルもリリースされて来た。様々な手法で仕立てられたロゴは、どれもが等しく魅力的なアイコンなのだ。

立体刺繍／3D刺繍
NEW ERA 59FIFTY
Warner Brother's
100th Anniversary

フラット刺繍／平刺繍
NEW ERA 59FIFTY
San Francisco Giants
Lafayette

後付けロゴ
NEW ERA 59FIFTY
70's～80's Vintage
model

ラバーパッチ
NEW ERA 59FIFTY
広島東洋カープ
GOLD LOGO COLLECTION

ワーナー・ブラザースの創設100周年を記念して2023年に発売されたコラボモデルにも、立体刺繍のフロントロゴがデザインされている。画像では分かりにくいが、ロゴの一部のみを3D化する巧みな仕上げが施され、ブランドマークの魅力を最大限に引き出している。

セレクトショップのLafayetteが2022年にリリースした、サンフランシスコ・ジャイアンツ。LafayetteのA-KILLA氏提案のカスタムキャップで、淡いセイルホワイトの糸で仕立てたフラット刺繍は、現代のストリートシーンで特別な個性を演出してくれそうだ。

1970年代から80年代に生産されたと考えられるヴィンテージモデル。フロントのロゴは後付けで、薄いシートに刺繍したロゴを切り抜き、無地の59FIFTに貼り付けている。時代を感じさせる目の粗い刺繍が、ヴィンテージファンを喜ばせるだろう。

サイズステッカーのパターンをデザインとして活かし、ラバーパーツで仕立ててフロントパネルに圧着したバリエーションモデル。ラバーならではの滑らかな質感にメタリックゴールドを落とし込み、サイズステッカーらしさを際立たせた個性派モデルだ。

NEW ERAを楽しむ法則 10/59

# LEAGUE LOGO／リーグロゴ

## ボールを打つバッターをデザイン化したバックパネルのロゴは公認モデルの証

MLBの公認を得たNEW ERAのバックパネルには“バッターマン”と呼ばれるロゴが刺繍されている。過去にはフロントパネルにバッターマンが刺繍されたモデルもリリースされたが、現在ではバックパネルのバッターマンが定番だ。ここではNEW ERAのキャップに刺繍されるバッターマンをはじめ、その他のリーグロゴについて解説する。

バッターマンロゴはMLBがリーグ発足100周年を記念して1969年に公開。そのデザインを手掛けたのは、2015年にこの世を去ったジェリー・ディオール氏である。バッターマンはミネソタ・ツインズ等で活躍した殿堂入りプレイヤー“ハーモン・キルブルー”がモデルと噂されていたが、ジェリー・ディオール氏が生前に「特定のモデルは居ない」と公式にコメントして話題を集めていた。このロゴがバックパネルに刺繍される理由については公式な資料が見つからなかったが、あくまでデザイン上のバランスと思われる。その検証は本項のテーマとは関係が薄いため、割愛させて頂くのでご了承のこと。

同じ米国のベースボールリーグでも、MiLBと表記されるマイナーリーグのバッターマンはMLBとデザインが異なっている。2020年の改編で全120チームが所属するMiLBはMLBの傘下組織であり、フロントのチームロゴが酷似するチームも存在する。その場合でもバックパネルのバッターマンを確認すると、チームが所属するリーグを確認できるのだ。海外のキャップ専門店では地元のMiLBチームのカスタムキャップをリリースする事があり、コアな59FIFTYファンから注目を集めている。並行輸入品を扱うセレクトショップの店頭で見慣れない59FIFTYに出会った際は、国内の流通量が極端に少ないレアモデルの可能性もあるので、バックパネルのロゴを確認するのもオススメだ。MLBやMiLB以外のプロリーグがテーマのNEW ERAでも、リーグの公認を受けていればキャップのどこかにリーグのロゴがデザインされているハズ。中には MLBとNBAのダブルネームのような、レアディテールも存在するので見逃せない。

**NEWERA 59FIFTY BORN X RAISED**
**Dodgers & Lakers Double Champion**

2020年に同じロサンゼルスに本拠地を置くドジャースとレイカーズが優勝した事を記念して、ボーンレイズドから発売されたコラボ系59FIFTY。MLBとNBAの双方から承認を得ているので、バックパネルには両リーグのロゴがダブルネームで刺繍されている。

## LEAGUE LOGO COLLECTION

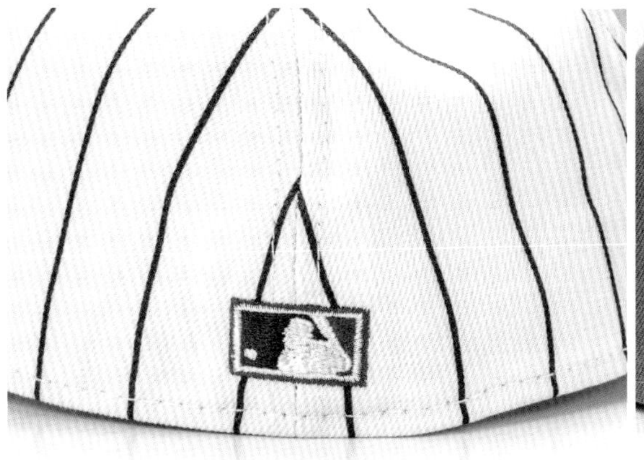

### Major League Baseball／MLB

MLBの公認モデルの証である"バッターマン"には立体刺繍とフラット刺繍の2パターンがあり、ここで紹介したのはフラット刺繍と呼ばれるバージョンだ。

### Minor League Baseball／MiLB

MLBの下部組織であるマイナーリーグのバッターマンは、バッターの顔が正面を向くようなデザインを採用。ひと目でMiLBモデルと区別できるのが有り難い。

### National Basketball Association／NBA

NBAファンにはお馴染みのリーグロゴ。1960年代から70年代にかけてロサンゼルス・レイカーズで活躍した、ジェリー・ウェスト氏のシルエットがデザインモチーフだ。

### National Football League／NFL

全米で最も人気の高いスポーツと評される、NFLモデルにインプットされるリーグロゴ。1982年にリニューアルを受けたデザインが使用されている。

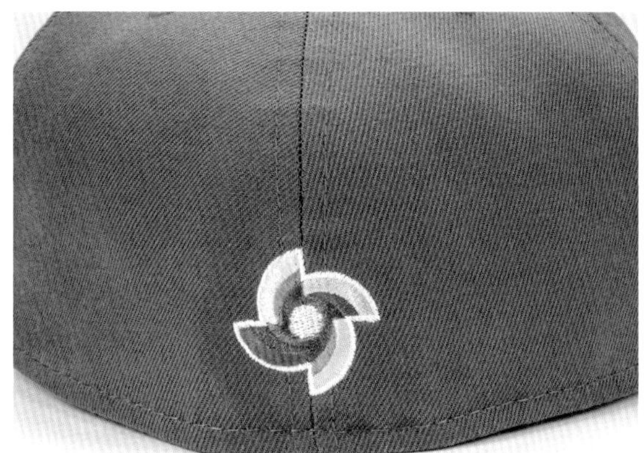

### World Baseball Classic／WBC

2023年大会の興奮も記憶に新しい、WBC公認モデルを意味する大会ロゴ。NEW ERA以外のキャップでも、公認モデルは必ずこのロゴがデザインされている。

### 日本プロ野球／Nippon Professional Baseball／NPB

選手着用モデルと同仕様の"プロコレ"と呼ばれる59FIFTYにデザインされるリーグロゴ。プロコレ以外のモデルには、チームロゴが使用されるケースが一般的。

NEW ERAを楽しむ法則 11/59

# FABRIC／生地素材

## 時代はウールからポリエステルへ
## 59FIFTYに様々な素材が使われる理由

数多くのバリエーションを展開するNEW ERAには、様々な生地素材が使われている。1954年の初代59FIFTYでも使用され、コレクターからの人気も高いのがウール素材だ。ナチュラルな発色と被った際のフィット感が特徴で、織り目を感じさせる手触りもレトロな風合いと言えるもの。ヘリテージ感を醸し出すウール素材は新作アイテムでは殆ど使用されておらず、59FIFTYのウール製で、MADE IN USAモデルが発売されるだけでSNS上のファンコミュニティがザワつく程の希少品だ。

そのウール製に代わり、新作の59FIFTYで最も使用されているのが、ポリエステル生地である。ウールと比べると伸縮性が少なく被り心地が若干硬い印象を受けるものの、シルエットの保持力は抜群で、ウール製では型崩れしやすいバックパネル形状の保持力に優れる特性は有り難い。発色が鮮やかに仕上がるカラーも多く、様々なカラーを組み合わせたカスタムキャップにも適している、現代のNEW ERA人気と相性の良い素材と言えそうだ。

ポリエステル製の59FIFTYについて補足すると、MLBプレイヤーが試合で着用する59FIFTY“オンフィールド”も現在はポリエステルが使用されている。ファンが大切にする“本物感”と言う意味では、ポリエステルこそが正解だ。そして人気の高い59FITYや9FIFTYに限って言えば、ポリエステルの次に手にする機会が多いのがコットン製だろう。カモフラージュ柄など総柄モデルや、パステルカラーのような中間色モデルの多くにコットン生地が使用されている。製造前の生地の段階でカラーバリエーションが多いとも伝えられており、微妙な発色にコダワリ抜いたカスタムキャップでもコットンが使用されているそうだ。コットンのNEW ERAはシワが入りやすい特性はあるものの被り心地も軽く、カジュアル感が楽しめるも特徴と言えるだろう。この他にもストリート感のあるレザーやスウェット、変わり種としてはストロー（麦わら）製の59FIFTYも存在するので、異なる素材でコーディネートの幅を広げるのもお勧めだ。

海外購入品やコラボモデルの素材表記は、一般的にライニングに縫い付けられた黒タグに記載されている。画像のタグは海外のキャップ専門店“HAT CLUB”が手掛けたカスタムキャップのもので、バングラデシュ製のウール素材と言う、59FIFTYとしては比較的レアな組み合わせだ。

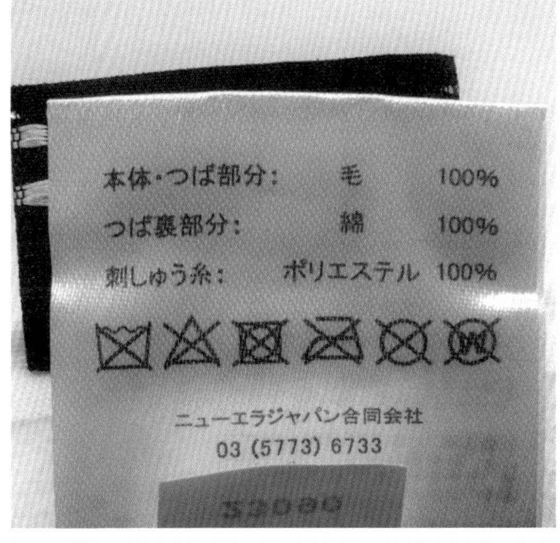


ショップ別注モデルを含むNEW ERA JAPAN扱いの59FIFTYでは、ライニングのフラッグロゴを描いた黒タグの裏側に、日本語で素材を表記した白タグを縫い付けるのが一般的。この画像アングルでは生産国を確認できないが、撮影した59FIFTYは中国製のショップ別注モデルだった。

## 代表的な59FIFTYの素材バリエーションを知る

### ウール

ウール素材を使用した59FIFTY。素材特有の質感と折り目の相乗効果で、他の素材と比べるとざっくりとした手触りに仕上がるのが一般的。多少慣れてくれば目隠しをしてもウール素材だと言い当てる事も難しくない。

### ポリエステル

クラウンやバイザーにポリエステル生地を使用した、59FIFTYのオンフィールドキャップ。MLBプレイヤーが被る59FIFTYと同じ本物であると共に、多くの59FIFTYに用いられる最もスタンダードな素材なのだ。

### コットン

パステルカラーや中間色でコーディネートした59FIFTYには、コットン素材がセレクトされるケースも少なくない。使用時に少しシワが入りやすい以外は実用面での問題は無く、カラー重視で選ぶ層にはお勧めだ。

### レザー

ラグジュアリー感あふれるレザー素材の59FIFTY。画像のモデルは本革モデルだが、どちらかと言えば合成皮革の方が一般的で、近年では"アップルレザー"等のヴィーガン・レザーを使用した59FIFTYも発売されている。

### メッシュ

トラッカーキャップ等でお馴染みのメッシュ素材も、大きなカテゴリーで言えばポリエステル製だ。NEW ERAにとっては、フロントパネルまでメッシュ素材を取り入れた通気性重視のバリエーションもお馴染みだろう。

### シンセティック・スウェード

毛足が長く、上品な手触りに仕立てられた"シンセティック・スウェード"モデルも、元はと言えばポリエステル製。ポリエステルはスポーツ用だけでなく、カジュアルシーンも豊かにしてくれる優秀な素材なのだ。

# COUNTRY of PRODUCTION／生産国

## 上級者が59FIFTYの生産国にこだわる理由
## ファンを戸惑わせるサイズ感の違い

元々は米国のみで生産されていたNEW ERAのベースボールキャップは、現在では複数の国で生産されている。そしてSNS上でNEW ERAの情報を収集した経験のある読者であれば、“MADE IN USA”以外のNEW ERAに対するネガティブなコメントを目にした経験もあるだろう。また、それらの多くは59FIFTYのサイズ感に対するコメントであったハズだ。サイズ調整が出来ない59FIFTYには、ごく稀に新品であるにも関わらず、被るのが辛くなるほどタイトな個体が存在する。それは“個体差”と表現すべきもの。59FIFTYの製造工程では職人による手作業の部分が多く、多少の個体差が生じるのは避けられず、NEW ERAも個体差の存在をオフィシャルで認めている。

この原稿を書いている2023年時点では“MADE IN USA”の59FIFTYでは（サイズ感に関しては）個体差は少なく、逆に個体差が出やすい生産国が別途あるのが正直な感想だ。こうした状況がSNS上のネガティブなコメントに繋がっている事は想像するに難くない。

国内の店頭に並ぶ59FIFTY（新商品に限る）の生産国は米国に加え、中国製とバングラデシュ製が多く、最近ではベトナム製を見かける機会も増えている。また59FIFTY以外も含めれば、ラオスやハイチ、ミャンマーで生産されたNEW ERAも流通しているのはご存知の通り。そして流通量が比較的多いバングラデシュ製の59FIFTYの中に、サイズがタイトな個体が多く見られた時期があったのである。それも「タイトな気がする」と言う類では無く、キャップの内径を計測する“リングコンパス”で計測すると、サイズ表記より1cm以上も小さいケースも確認される程だった。誤解の無いよう付け加えると、現在では平均的なクオリティが改善され、中国製と大差ないレベルを達成している。それでもファンコミュニティに根付いたネガティブな空気は、簡単には払拭できないもの。NEW ERAを販売するショップが運営するSNSに「生産国はどこですか？」とのコメントが度々書き込まれているのは、そうした背景が影響しているのだ。

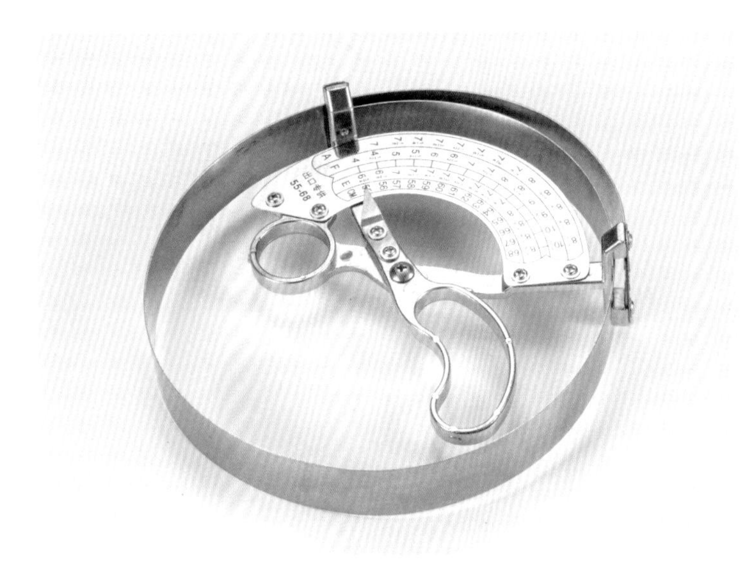

**リングコンパス**

個体によって異なるサイズ感にモヤモヤしているコダワリ系コレクターであれば、手軽にキャップサイズを計測可能な“リングコンパス”を活用するのもお勧め。59FIFTYであればライニング部分に外径のリングをセットして、ハサミ状の器具を握るだけで、その個体のリアルなサイズを知る事が可能だ。リングコンパスはネットショップでも購入可能だが対応サイズが設定されているので、NEW ERA用に手に入れるならば、60cm以上の計測にも対応するタイプを購入しよう。

## アジアメイドの59FIFTYのサイズを計測してみた

MADE IN USA至上主義のコレクターから何かと批判されがちな、アジアメイドの59FIFTY。サイズ感の問題はあくまでも個体差の話であり、特定の生産国のモデルを全て否定するのも間違いとは理解しつつも、生産国を気にするファンは決して少なくないのが現状だ。ここでは筆者のコレクションからアジアメイドの59FIFTYをピックアップして、リングコンパスでサイズを計測してみた。この情報も個体差に過ぎず、他の全てに当てはまるものではないが、サイズ表記と実サイズが異なるケースも併せて紹介するので、何かの参考になれば幸いだ。

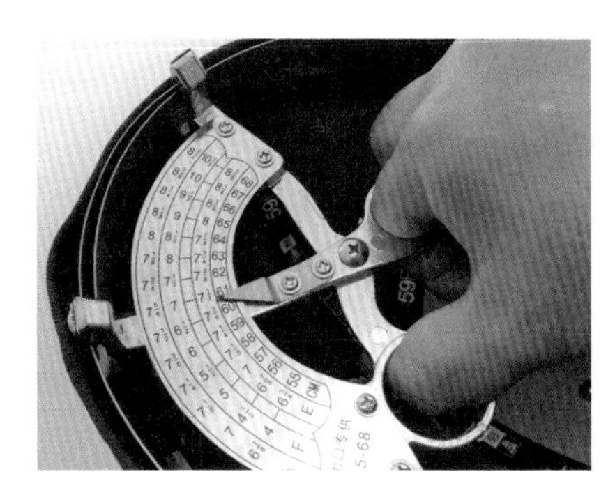

**中国製／ポリエステル素材**

NEW ERA 59FIFTY
Los Angeles Angels
表記サイズ：60.6cm
実寸サイズ：60.6cm

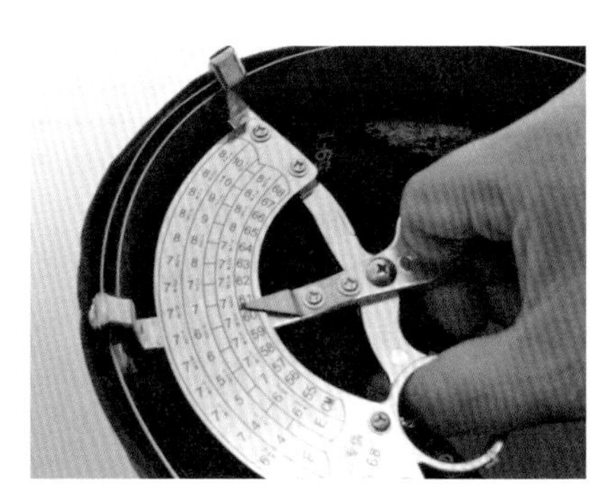

**バングラデシュ製／ポリエステル素材**

NEW ERA 59FIFTY
Washington Nationals
表記サイズ：60.6cm
実寸サイズ：60.6cm

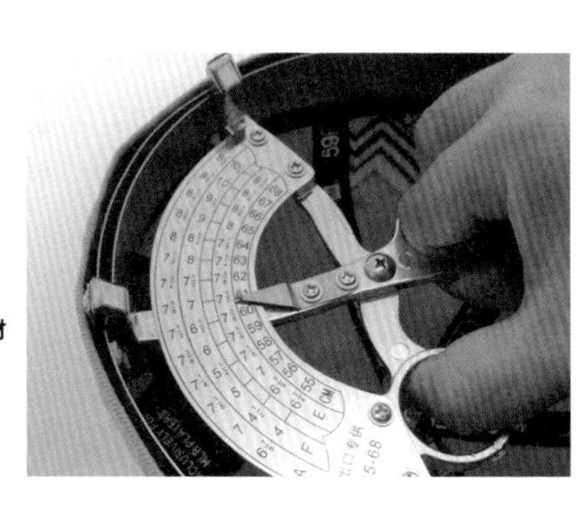

**ベトナム製／ポリエステル素材**

NEW ERA 59FIFTY
Los Angeles Angels
表記サイズ：60.6cm
実寸サイズ：60.9cm

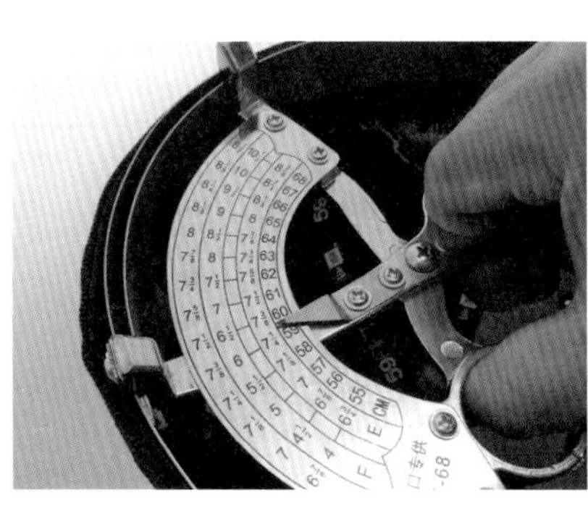

**中国製／ポリエステル素材**

NEW ERA 59FIFTY
Atlanta Braves
表記サイズ：61.5cm
**実寸サイズ：59.5cm**

NEW ERAを楽しむ法則 13/59

# RESIZE／サイズ矯正

## タイトだと感じてしまった59FIFTYには ハットストレッチャーの活用がオススメだ

P.028では59FIFTYのサイズ表示に潜むリスクを紹介した。現実的には“被れないほどタイトな個体差”はレアケースであり、行動範囲にお気に入りのNEW ERAを扱うショップがあれば、購入時に試着を行う事でトラブルを回避できるので、多くのNEW ERAファンにとってはそれほど深刻な問題では無いのだろう。それでも限定モデルが平日に発売され、サイズによっては早々に完売しているのも現実で、オンラインショップを利用する機会は増えている。試着せずに購入すれば、サイズ感のリスクが高くなるのも当然だ。だが髪や肌に直接触れるベースボールキャップは、返品がNGと言うケースも少なくない。特に海外のショップで購入した個人輸入品は、サイズ交換対応など絶望的。ベースボールキャップのリーディングブランドであるNEW ERAだけに対応策を講じて欲しいところだが、現状では環境が整っているとは言い難い。ある程度の数を所有するコレクターであれば、サイズ感へのリスク対策を講じるべきだろう。

筆者がリアルコレクター目線で検証した結果、現状での効果的な対策としてお勧めしたいのが“ハットストレッチャー”の活用だ。ハットストレッチャーとは一般的に木製のパーツにネジ状のステーを組み合わせた器具の名称で、キャップやハットの内側に装着してネジを回す要領でパーツを押し広げ、キャップのサイズを広げる目的で使用する。その効果は絶大で新品状態でタイトだった59FIFTYのサイズ感を矯正してくれるだけでなく、着用して外出した際に生地が汗を吸い、乾燥に伴って生地が縮んだお気に入りの快適なサイズ感を復活させる効果も確認済。サイズの矯正ではゴムボール等でもある程度は対応可能だが、ハットストレッチャーの“押し広げるチカラ”は圧倒的であり、目に見えて満足できる結果が得られている。恐らく生地を伸ばすだけでなく、輸送時の型崩れも矯正しているのだろう。ここではサイズ表示よりもタイトな実寸であった個体を用いて、ハットストレッチャーを使用したリサイズの効果をレポートする。

**ハットストレッチャー**

ハットストレッチャーはオンラインショップでも手軽に購入可能。筆者が所有しているのは木製パーツが4分割のタイプだが、木製パーツが2分割のバリエーションも広く普及している。実際に2タイプを比較した訳では無いものの、使用時に得られる効果には大きな差は無さそうだ。

## ハットストレッチャーを使用したNEW ERAリサイズをやってみた！

**①モデルセレクト**

今回の検証に使用したのはP.029でも紹介したアトランタ・ブレーブスがベースのカスタムキャップ。発売時にサイズが小さめだとSNSをざわつかせたアイテムなので、記憶に残っているファンも居るだろう。

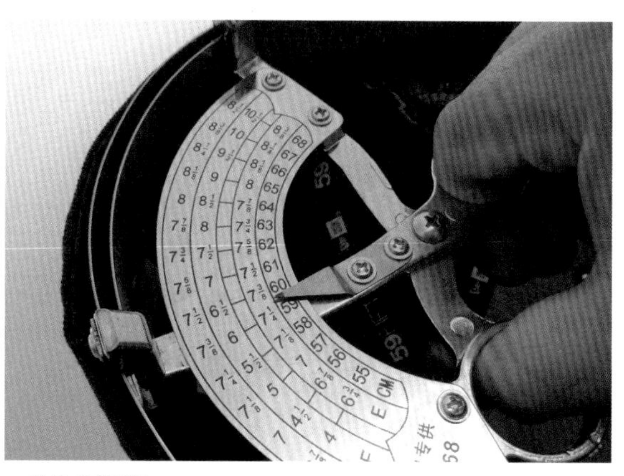

**②サイズ計測**

この個体のサイズ表記は61.5cmなのに対し、リングコンパスで測定した実寸は59.5cmだった。59FIFTYだと1サイズに相当するサイズ差であり、被り心地に大きく影響するのも当然のことだ。

**③ハットストレッチャーの装着**

キャップの内側にハットストレッチャーを装着した状態。サイズ的に余裕のある状態で位置を合わせ、ステーを回して木製パーツを広げていく。最終的にライニング部にフィットするように調整しよう。

**④バックパネルへの配慮**

ハットストレッチャーは生地に大きな力を掛ける器具なので、バックパネルに力が伝わり、垂直に立ち上がる事がある。その場合は後端を若干オフセットして装着すると、バックパネル形状への影響が抑えられるだろう。

**⑤リサイズ**

59FIFTYの場合は生地が少しずつ伸びるので、一度に押し広げるのではなく、数時間置きに広げ直してあげよう。限界まで広げたつもりが数時間後に少し余裕が生じている辺りに、サイズアップ効果を実感できるハズだ。

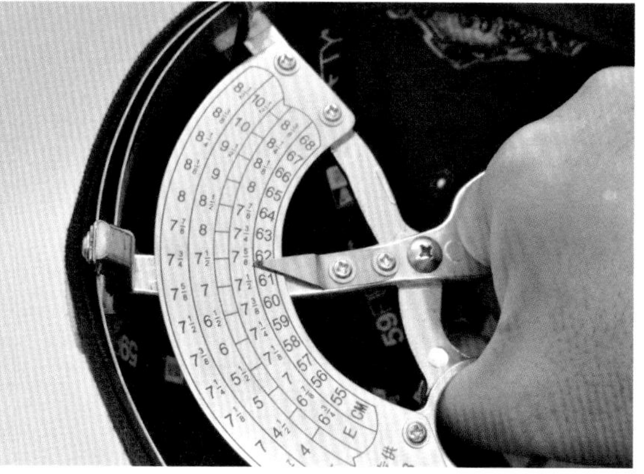

**⑥サイズの再計測**

約24時間のサイズ矯正作業の結果、実寸が元々のサイズ表記とほぼ同じ61.6mmまで復活した。個体によっては数日でサイズが小さくなるものの、使用する前日に改めて一連の作業を行えば快適に被れるので問題ない。

# SIZE STICKER／サイズシール

## ニューエラ初心者が必ず悩む サイズシールの取り扱い

NEW ERAの被り方で話題になりがちな、バイザーのサイズシールを剥がすか否かの問題。特に59FIFTYのバイザーにはゴールドのサイズシールが貼られ、デザイン的にも目立つので、その扱いに悩むファンも居るだろう。

結論から言えばバイザーのサイズシールは貼ったままでも剥がして被るのもどちらも正解で、それぞれに“由来”とされる複数のエピソードが伝えられている。

サイズシールを貼ったまま被るスタイルに繋がる代表的なエピソードは、ラッパーやギャングスタの武勇伝だ。かつてサイズシールを貼ったままのNEW ERAは、ショップから盗んだ事を暗に意味していたのである。つまり屈強な警備員が居るショップから盗んだ勇気を誇っていたのだ。入り口に警備員が立つショップが殆ど無い日本では、理解し難いエピソードかもしれない。もちろん現代では盗品である事を誇れば、SNSで炎上必至だろう。サイズシールを剥がさずに被るのは、あくまで過去のエピソードに敬意を示したファッションスタイルなのである。

その対極にあるサイズシールを剥がして被るスタイルも、実は過去のラッパーに由来している。成功したラッパーは「俺はいつでも新品のNEW ERAが買える」と、正規に購入した事を意味するサイズシールを剥がした59FIFTYを愛用していたのだ。こうした正反対のエピソードが共存する事象は、ブラックミュージックカルチャーでは珍しくない。あるラッパーが「サイズシールは剥がさないのがクール」と言えば、対立するラッパーが「サイズシールを剥がすのがクール」と言い出すのである。実際に複数のニューヨーク出身者にヒアリングしても、必ず2通りの答えが返ってくる。さらに海外のコレクターにはバイザーに日焼け跡が残るのを防ぐためサイズシールを剥がし、クラウンの内側に貼り直す猛者も現れている。筆者も以前はサイズシールを貼ったまま被っていたが、今は剥がしたサイズシールをブリムに貼り直すのがマイブーム。結局のところサイズシールの扱いは、他の人の目を気にせず自分の好みで選ぶのが正解だ。

国内では一般的に“サイズシール”と呼ばれているが、海外では“SIZE STICKER／サイズステッカー”と呼ぶのが一般的。その名の通り59FIFTYのサイズを示す、ブランドやモデル名を示す9FIFTYや9FORTY等の“VISOR STICKER／バイザーステッカー”とは目的が異なるディテールなのだ。

## 59FIFTY SIZE STICKER STYLE 2023

### サイズシールは剥がさないスタイル

ゴールドに輝くサイズシールが59FIFTYのアイコンディテールである以上、そのシールを剥がさずにストリートで被るのは間違いなく正解だ。海外のファッショニスタの影響から59FIFTYにPINSを取り付けて被るスタイルも人気を集めており、デコレーションしたクラウンにはサイズシールを貼ったままのバイザーが良く似合う事実も、サイズシールは剥がさないスタイルのアドバンテージと言えそうだ。

### サイズシールは剥がすスタイル

サイズシールは販売時のサイズ表記が主な役割なのだから、購入後に剥がして被るのは間違いなく正解だ。剥がしたサイズシールは捨てる層も居るようだが、ブリム（つば裏）に貼り直して被るのが2023年のトレンドと言える。筆者の場合はブリムの中央ではなく、あえてオフセットした位置にサイズシールを貼り直し、あたかも細かい部分まで気にしていない、大人のフリをするのがマイブームだ。

### サイズシールはクラウンの内側に貼るスタイル

サイズシールを完全に剥がしたルックスで59FIFTYを楽しみたいけれど、シールは購入時の思い出と共に保管したいと感じるのも、コレクターのスタンスとして間違いなく正解だ。海外のキャップショップで働くスタッフが考案したとも伝えられ、サイズシールの日焼け跡を防ぐ手法としても優れている。

# CURVE VISOR／カーブバイザー

## フラットなバイザーを曲げるか否かで自身のスタイルを主張する

NEW ERAスタイルのメインストリームと言えば、59FIFTYや9FIFTYを取り入れたコーディネート。その両モデルに共通する特徴のひとつが“フラットバイザー”と呼ばれる平らなバイザーだ。現在では予めバイザーをカーブさせた“プレカーブド”と呼ばれるバリエーションモデルも発売されているが、店頭に並ぶ59FIFTYや9FIFTYではフラットバイザーが多数派な状況には変わりない。NEW ERAファンならばご存知の通り、フラットバイザーはそのまま被るだけが正解ではなく、好みに合わせて曲げるスタイルも王道だ。近年のストリートシーンではフラットバイザー派と“やや曲げ”派、そして強めにカーブさせる派に分かれている。例えば2000年前後のヒップホップスタイルをリバイバルしたオールドスクール系コーデには、フラットバイザーのまま被るNEW ERAが良く似合う。特にコーンロウやブレイズと言ったボリューム感のあるスタイリングにオーバーサイズの59FIFTYをセットする時には、フラットバイザーが鉄板だ。

逆に短髪のヒップホップスタイルを好むファッショニスタは、バイザーを強めにカーブさせた59FIFTYや9FIFTYを愛用している印象が強い。ヴィンテージ感のあるスポーツ系シャツにワークパンツを合わせ、バイザーをカーブさせたベースボールキャップを合わせるスタイルは、現代のNEW ERAスタイルのトレンドだ。そうしたスタイルを取り入れるならば自身でバイザーを曲げるのではなく、予めカーブさせている“プレカーブド”モデルをセレクトする選択肢もあるものの、好みに合わせてバイザーを曲げる事もファッショニスタにとっては大切なコダワリなのだろう。そうしたフラット派や強めのカーブバイザー派に対して、幅広いコーディネートと合わせられるユーティリティ性を持つのが“やや曲げ”だ。曲げる角度に正解は無く、ユーザーのセンスが問われるものの、現代のストリートシーンでは“やや曲げ”がNEW ERAスタイルの多数派と言える。P.036ではバイザーの曲げ方も解説しているので、是非参考にして欲しい。

NEW ERAファンにとって原宿エリアのランドマークと言うべきキャップ専門店“HOME GAME TOKYO”では、購入したキャップをスチーマー等を駆使して、最適のカーブバイザーに仕立てるサービスも提供中。ショップの詳細はP.088を確認しよう。

## 59FIFTY CURVE VISOR STYLE SAMPLE

バイザーを曲げるか否かの選択に正解は無いが、そのセレクトには理由がある方が望ましい。そのファーストステップとして、影響を受けたアーティストやファッショニスタのスタイルをトレースする事も選択肢のひとつだ。

撮影協力：HOME GAME TOKYO

# HOW TO CURVE VISOR／バイザー曲げ実践編

## フラットバイザーの曲げ方を マニア向けからお手軽編までやってみた

NEW ERAのフラットバイザーを曲げる角度が自由であるように、バイザーの曲げ方にも王道は存在し無い。それでもお気に入りの59FIFTYを手に入れ、いざバイザーを曲げる際には勇気が必要で、上級者の「気にせず好きに曲げれば良い」と言うアドバイスが心に届く事はないだろう。NEW ERAのフラットバイザーをカーブさせる際に気を付ける点は、バイザーに折り目を付けない事に尽きる。リユースショップや古着屋に並ぶUSED品には、バイザーに目立つ山折りが入る個体も紛れている。それは現在のトレンドに照らし合わせれば失敗事例であり、長期的に見るとバイザーの折り目部分から芯材が劣化して、ヴィンテージと呼ばれる頃にはボロボロに朽ちてしまうリスクも抱えている。もちろん1年や2年で劣化症状が現れるワケでは無いが、お気に入りのNEW ERAであれば、可能な限り大切に扱うべきだ。ここでは様々なフラットバイザーの曲げ方の中から、3種のスタイルをピックアップして紹介していこう。

フラットバイザーを曲げる手法としては最もマニアックであり、エンスー（熱狂者）な空気を醸し出すのが、野球のボールにバイザーを巻き付けるスタイルだ。日本と米国では公式球のサイズが異なるので、MLBで使用されているボールを使うのが望ましい。また公式グッズにこだわる層であれば、NEW ERAの公式アクセサリーとして発売されている“VISOR CURVE”を利用するのが良いだろう。背面のベルトが9FIFTYのようなスナップ式で、好みの角度に設定可能なのもありがたい。またSNS上ではNEW ERAのバイザーをマグカップに差し込み、暫く放置する方法も紹介されている。確かに手軽なスタイルではあるものの、その仕上がりはマグカップのサイズに大きく左右される。好みの角度に整えられるかは、手持ちのマグカップ次第と言えそうだ。次の頁では上記で紹介した3つのスタイルを実践し、その仕上がりを比較している。曲げる時間やキャップのサイズでも微妙に異なるだろうが、何かの参考になれば幸いだ。

**VISOR CURVE（バイザーカーブ）**

NEW ERA JAPANから税込1100円で発売されている、バイザー曲げ専用のアクセサリー。VISOR CURVEをバイザー表面の中央に当て、ベルトをブリム面に回してスナップで個性する。角度が足りないと感じた際には、同じ工程を繰り返すと良いだろう。

## CURVE VISOR STYLE SELECTION

バイザーの曲げ方による違いを比較してみよう。

**野球のボール × 59FIFTY　カーブ度合：★★★☆☆**

MLBの公式球にバイザーを被せてスニーカーのシューレースで結びつけ、24時間経過させた状態。自然で緩やかなカーブに仕上がり、海外のファンサイトで"バイザーの曲げ方の基本"と紹介されているのも納得だ。

**NEW ERA VISOR CURVE × 59FIFTY　カーブ度合：★★★☆☆**

全9段階に調整できる中で4番目にきついポイントで固定し、24時間経過させた状態。ボールを使用した際とほぼ同等の仕上がりとなり、バイザーの中央に折り目が入る事も無い。オフィシャルグッズに相応しいスペックと言える。

**マグカップ × 59FIFTY　カーブ度合：★★★★★**

かなり大きめのマグカップを使用したものの、タイトなカーブバイザーに仕上がっている。アメリカン雑貨ファンにはお馴染みのFire-King製"DハンドルMag"でも大きさが足りず、バイザーを差し込む事すらも難しかった。

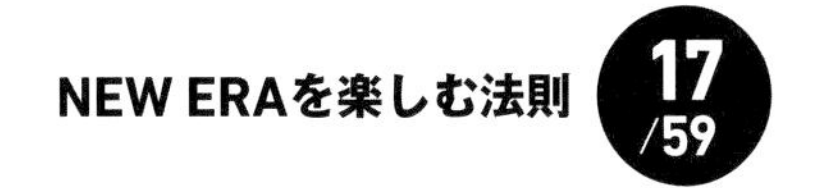


# NEW YORK YANKEES／ニューヨーク・ヤンキース

## 1920年代を象徴するベースボールの人気チームが野球帽をファッションアイテムへと昇華させた

59FIFTYや9FORTY等のバリエーションに関わらず、ニューヨーク・ヤンキースのチームロゴを配したNEW ERAはストリートの鉄板アイテムだ。そのベースボールキャップがストリートカルチャーに与えた影響は大きく、2017年にMoMA（ニューヨーク近代美術館）で行われた“20世紀と21世紀の歴史と社会に大きな影響を与えた111アイテムの過去と現在”のテーマを掲げる企画展『Items: Is Fashion Modern?』では、リーバイスのデニムやショットのライダースジャケットと共に、ヤンキースの59FIFTYが展示されたのも広く知られるエピソードだろう。

ヤンキースのベースボールキャップがファッションアイテムとして定着した歴史はNEW ERAの誕生よりも古く、1920年代の前半だと伝えられている。1918年の第一次世界大戦終結後、北米からヨーロッパにかけて“狂騒の20年代”と称される好景気が席巻していた。そのムーブメントは経済を発展させるだけでなく、人々にスポーツを観戦して楽しむ余裕を生み出したのである。

狂騒の20年代の恩恵を享受したアメリカでは、プロスポーツ観戦が人々の趣味として定着した。そして実力と話題性を兼ね揃え、この時代を代表する人気チームだったのがニューヨーク・ヤンンキースである。話題の中心はボストン・レッドソックスから加入したベーブ・ルース。言わずと知れた偉大なベースボールプレイヤーのひとりで、彼が着用するネイビーのベースボールキャップは人々の憧れとなり、ニューヨーカー御用達のファッションアイテムとして注目されるようになる。その文化はニューヨーク以外でも徐々に浸透し、1980年代の後半には多くのファンがMLBチームのキャップをコーディネートに取り入れるようになったのだ。1993年にはNEW ERAが全球団のオンフィールドキャップを製造する契約をMLBと締結して、59FIFTYは名実ともにアメリカンスポーツを象徴するキャップとなる。そうしたカルチャーのルーツである、ネイビーの59FIFTY“New York Yankees”が定番として認知されるのも当然の流れだろう。

**NEW ERA 59FIFTY**
**New York Yankees**
**MoMA Limited Edition**

『Items: Is Fashion Modern?』の開催をきっかけに、MoMAとコラボレーションした59FIFTY“New York Yankees”も発売されている。

## ニューヨークの美術館も認めた ベースボールキャップのスタンダード

ネイビーの59FIFTY "New York Yankees" は、それ自体がストリートシーンのアイコンであり、ヤンキースと言うスポーツチームを知らずに被る若い世代のファッショニスタも少なくないようだ。チームのファンにとっては嘆かわしい状況かもしれないが、そこまでに幅広い世代に "ヤンキースのキャップ" が愛されている事実を誇るべきだろう。

# BLACK COLLAR／ブラックカラー

## ミュージックカルチャーを源流に
## 幅広いスタイルと融合するブラックのNEW ERA

スポーツカルチャーから誕生したNEW ERAの象徴がネイビーの59FIFTY “New York Yankees” であるのに対し、2000年前後のストリートカルチャーを育てた東海岸のラップミュージックのアイコンと言えばベースをブラックに染める59FIFTY ““New York Yankees” だ。

ブラックミュージックが育まれた街は他にも知られているが、NEW ERA史を語る時にはニューヨークのカルチャーが欠かせないのだ。ビルボードが “史上最も偉大なラッパー” に選出したJay-Zも、ニューヨークのアンセムと言うべき『Empire State Of Mind』の中で “ヤンキースの帽子を選手より有名にしてやった” と綴っている。Jay-Zがストリートシーンに与えた影響は大きく、彼が代表を務めるレコードレーベルROC NATIONと59FIFTYによるコラボモデルが現在も定期的にリリースされ、世界中のファンに愛されている。もちろんコラボ系以外の59FIFTYでもブラックのヤンキースは人気者で、ショップの店頭で指名買いするファンを見かける機会も少なくない。

ストリートカルチャーを愛する層にとって特別な存在とも言えるブラックカラーのNEW ERAは、“コーディネートに合わせやすい” と言う特性も有している。そのためライト層も手に取りやすく、幅広いジャンルのコラボベースにブラックカラーが選ばれている。気が付くとコレクションの大半がブラックカラーになりがちだ。もちろんヨウジ・ヤマモトのように、ブラックがイメージのブランドとのコラボアイテムであれば納得もする。ただ2023年3月にリリースされた直後に完売し、ネットフリマにて高値で転売されていたダウンタウンとのコラボモデルでも、リリースされた全4型のうち2型がブラックカラーだったのは疑問が残る。果たして生粋のダウンタウンのファンは、ブラックのNEW ERAに “らしさ” を感じたのだろうか。

新たなNEW ERAファンを取り込む戦略としては、ブラックカラーのコラボモデルのリリースは正解だろう。それでもNEW ERAのバリエーションが増えた今、より “らしさ” を際立たせたコラボモデルにも期待してしまうのだ。

**NEW ERA 59FIFTY**
**New York Yankees ROC NATION**

Jay-Zが代表を務めるレコードレーベルとのコラボレーションモデル。現在のブームが盛り上がる以前から、紙飛行機デザインのPINSを取り付けてリリースしていた事でも有名だ。

**NEW ERA 9FIFTY**
**DOWNTOWN**

ダウンタウン結成40周年の翌年にリリースされたコラボ系の9FIFTY。フロントにホワイトで刺繍されるロゴはカタカナの “ダ” を重ね合わせた、この企画のために用意されたオリジナルである。

## コラボモデルを彩るブラックカラー

ストリートカルチャーと距離の近いコラボ系NEW ERAでは、ブラックのベースカラーが大定番。どのようなスタイルにも合わせやすいと言う長所である反面、よほど個性を主張したフロントロゴを落とし込まない限り、他のファッショニスタとの差別化を演出しにくいデメリットも併せ持っている。定番のブラックカラーを手に取る時こそ、選ぶ理由を大切にすべきだろう。

# 59FIFTYの黒歴史／ラテンキングス

## ストリートスタイルを愛する若者への絶大な影響力を ネガティブな形で証明した自主回収モデル

スポーツ観戦グッズの枠を超えストリートスタイルの定番となったNEW ERAは、多くのラッパーが愛用し、2000年代には多くの若者が憧れるアイコンとしての地位を確立する。当時の若者に対する影響力の大きさを裏付けるエピソードのひとつが、2007年の夏に勃発した59FIFTYの自主回収騒動だ。当時リリースされた3種の59FIFTYがニューヨークのストリートギャングを連想させるとして非難され、NEW ERAが自主回収を行ったのである。その際に回収対象となったのは、いずれもニューヨーク・ヤンキースのカスタムキャップ。そのうち2モデルはホワイトカラーをベースに、クラウンにバンダナを巻いたようなデザインが施され、もうひとつはブラックをベースにゴールドでヤンキースロゴを刺しゅうして、右上に王冠のデザインをインプットしていた。確かに頭にバンダナを巻くスタイルはストリートギャングの“クリップス”と“ブラッズ”のアイコンスタイルで、ブラックに描いたゴールドの王冠は“ラテンキングス”の象徴だった。

街の健全化を目指す“Peace on the Street”プロジェクトを推進していたニューヨーク市警のブライアン・マルティネス刑事は、メディアからの取材時に「バンダナはギャングの旗のようなもので、ニューエラはギャングに便利なものを提供しようとしている」と強くNEW ERAを非難していた。それに対してNEW ERAは「ギャングに商品を売り込もうという意図は無い。ニューエラがギャングの活動を助長していると見なされる可能性を排除するために、鎮圧部隊と協力して社内努力を続けている」と表明。直ちにやり玉にあげられていた3モデルの59FIFTYを回収したのである。もっとも当時のブログメディアによれば、ギャングスタに憧れる少年層を中心に人気を集め、回収前にそれなりの数が売れてしまっていたようだ。ここで紹介するのは“ラテンキングス”のフラッグを連想させる59FIFTY“New York Yankees”の実物で、ブラック地に映えるゴールドの王冠は、ニューヨーク市警から目を付けられるも止む無しの仕上がりだ。

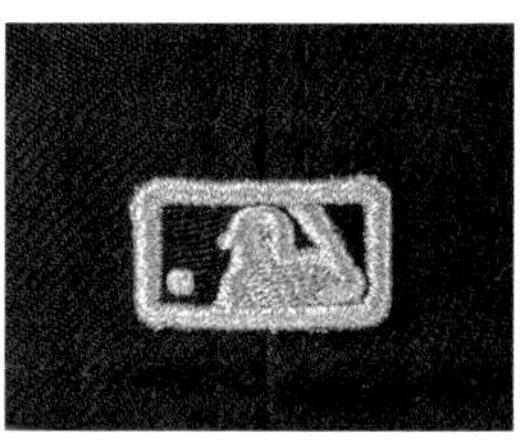

**NEW ERA 59FIFTY**
**New York Yankees**

NEW ERAが“ラテンキングス”とは関係が無いと宣言している以上、あくまでもニューヨーク・ヤンキースのデザインバリエーションと言うのが、このプロダクトの正しいプロフィール。それでも多くのファンがこの59FIFTYを、ストリートギャングの名と共に記憶しているのも事実だろう。

**59FIFTY New York Yankees**

フロントの王冠をデザインした59FIFTYは他にも発売されているが、海外のメディアを確認しても、それらは大きな騒動に発展しなかった経緯がある。この59FIFTYに嫌悪感を抱く層が存在するのも事実なのだろうが、NEW ERAファン目線では、ストリートギャング対策の一環で“見せしめ”にされた印象も拭えないのも本音だろう。

NEW ERAを楽しむ法則 20/59

# NEW YORK YANKEES／ニューヨーク・ヤンキース

## 世界的なアクセサリーブランドが手掛けた ニューヨーク・ヤンキースのチームロゴ

NEW ERAのヤンキースを愛用するファンであれば、フロントパネルに刺しゅうされるチームロゴが世界的なアクセサリーブランドである"ティファニー"がデザインしたエピソードを1度は耳にした事があるだろう。但しその情報には補足が必要だ。NEW ERAファンなら誰もが知るNとYを組み合わせたロゴは、間違いなく1877年にティファニーのチーフデザイナーであるエドワード・C・ムーア氏が手掛けているが、それはベースボールチームのためではなく、ニューヨーク市警の名誉勲章メダルのためにデザインしたものだ。それから約30年後の1909年、当時のニューヨーク市警の本部長がヤンキースの前身である"ニューヨーク・ハイランダーズ"の共同オーナーを務めていた事から、チームロゴにティファニーが手掛けたデザインを採用したのである。その際にデザイン料が発生したかどうかの裏話は明かされていないものの、このエピソードはティファニーの公式サイトにも掲載されているので諸々解決済なのだろう。

ヤンキースのロゴは1913年から現代に至るまで、微妙にディテールが変更されている。チームロゴの変更自体はMLBだけでなく、日本のプロ野球チームでも珍しくないが、ヤンキースはNとYを組み合わせたデザインを常に継承しているので、世代の違いが分かりにくいのだ。実際に現在リリースされている59FIFTYにも過去のロゴを使用するデザインも少なくないが、その違いを楽しんでいるのは相当の上級者に限られそうだ。ちなみに詳しい年代まで特定するのは難しいが、キャップの内側に"COOPERSTOWN"と表記されたタグが縫い付けられていたら復刻ロゴと考えて間違いない。

前記した通り、世代によってロゴを変えているのは他のMLBチームも同様で、パネルごとに異なる時代のロゴを落とし込み、デザインとして楽しむバリエーションモデルが定期的にリリースされている。思い入れのあるMLBチームがあるならば、そうしたモデルを手に入れて、チームが歩んだ歴史に思いを馳せるのも一興だ。

**NEWERA RC59FIFTY**
**Heritage Series Authentic 1931 New York Yankees**

1931年当時にヤンキースの選手が被っていたキャップにオマージュを捧げる、アメリカ野球殿堂博物館限定のRC59FIFTYには、歴史に準じたチームロゴがフロントパネルに落とし込まれている。

## ロゴの歴史を知れば思い入れも強くなる

一見すると同じようなデザインに見えるNew York YankeesのNEW ERAでも、フロントロゴのルーツを知ると、より愛着が湧いてくるだろう。ここでキャップと共に撮影したのはベイクルーズがNEW ERAに別注したTシャツで、歴代のロゴをデザインとして楽しむアパレルだ。

# CUSTOM CAP／カスタムキャップ

## ストリートシーンを席巻する色違いのNEW ERAは映画監督がオーダーしたヤンキースから始まった

ストリートシーンをカラフルに彩る“カスタムキャップ”は、現代のNEW ERA人気を語る上で欠かせないプロダクト。実在する、もしくは過去に存在していたスポーツチームのロゴを刺繍しつつ、ベースをオリジナルとは異なるカラーブロックに変更したバリエーションで、国内外を問わずNEW ERAファンを爆発的に増やし続けている。2020年頃には、バイザーの裏地を淡いピンクに染めた“ピンクブリム”と呼ばれる59FIFTYが世界的なヒット作となったのも記憶に新しい。ピンクブリムの人気がピークに達していたタイミングでは国内正規品での展開が無く、コアなファンはHAT CLUBや4U CAPSなど、海外のオンラインショップを利用していた。だが発売後1分以内に完売するケースも珍しくなく、そうした入手難易度の高さもコレクター魂に火をつけたていたのである。現在ではNEW ERA JAPANの公式や国内のセレクトショップで多彩なカスタムキャップが発売され、誰でも気軽に手に取れる環境が整っているのが有難い。

こうした“色違い”のMLBモデルは世界中のストリートシーンで主役を張っているものの、そのルーツは意外にも新しく、1996年に映画監督のスパイク・リーが個人オーダーした、赤い59FIFTYのヤンキースが最初のカスタムキャップだと伝えられている。NBAニューヨーク・ニックスの熱狂的なファンとして知られる監督だが、実際にはニューヨークに本拠地を置く全てのスポーツチームのオーディエンスなのだ。スパイク・リー監督は1996年のワールドシリーズ観戦用に、赤いダウンジャケットに合わせた59FIFTYをオーダーし、その後のカスタムキャップブームに繋がる1歩を、NEW ERAに踏み出させたのだ。ちなみにNEW ERAではレッドだけでなく、グリーンやイエロー、オレンジなどのヤンキースも製作している。実際にスパイク・リーがワールドシリーズの観戦で着用したのはレッド版のみだが、現在も不定期にリリースされる色違いのヤンキースは、1996年当時のバックストーリーを反映したプロダクトなのだ。

**NEW ERA 59FIFTY**
**Houston Astros 45th ANNIVERSARY**

筆者が争奪戦を勝ち抜いて手に入れた“ピンクブリム”と言いたいところだが、連敗続きで心が折れ、ネットオークションで手に入れたアストロズモデル。人気のピーク時には1万5000円以上の落札価格も当たり前で、わずか数年間でリリース数が劇的に増え、手に入りやすくなったのは有り難い。

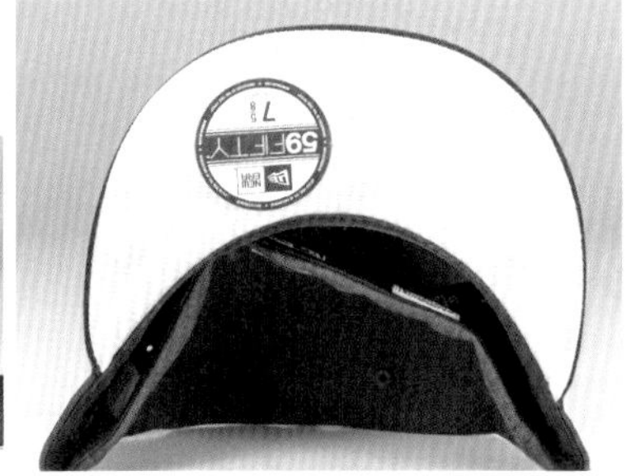

## New York Yankees
## CUSTOM CAP

スパイク・リーが個人オーダーした赤い59FIFTYのルックスを今に受け継ぐ、ニューヨーク・ヤンキースのカラーバリエーション。現代のストリートシーンで人気の高い“サイドパッチ”のような追加ディテールは無く、シンプルな色違いで仕立てられているのが逆にフレッシュだ。

# CUSTOM CAP／カスタムキャップ

## ブームを牽引するカスタムキャップは スニーカーコーデが王道スタイル

現代のNEW ERAブームを牽引するカテゴリーの筆頭が、MLBチームの59FIFTYをベースに、カラーやサイドパッチをアレンジしたカスタムキャップだ。もちろんSupremeやアーティストとのコラボモデルの人気も高いけれど、海外も含めたNEW ERAカルチャーの視点で言えばカスタムキャップ人気が突出している。その魅力のひとつは選手が試合で着用する"オンフィールドキャップ"では見られない、バリエーションカラーの存在だ。

MLBチームのオンフィールドキャップはアメリカンスポーツらしさに溢れ、確かに確かに魅力的である。但しチームによってはコーディネートに取り入れた時の主張が強くなり過ぎて、全身のバランスを崩してしまいかねない。大谷翔平選手の歴史的な活躍で、知名度のMLBチームのひとつであろうロサンゼルス・エンゼルスのオンフィールドキャップを、ストリートで見かける率がそれほど高くない理由も、真紅に染まるNEW ERAの主張が強く、コーディネートに取り入れにくい事以外に考えられない。

数多くのカラーバリエーションを展開するカスタムキャップの恩恵を最も受けたのは、恐らくスニーカーファンだろう。90年代のアメカジブーム以来、NEW ERAとスニーカーの蜜月な関係が続いている。頭と足元のカラーをフックさせたコーディネートにはハズレは無い。またスニーカー側のトレンドにも変化が現れている事実も、カスタムキャップ人気を後押ししているだろう。例えばAIR JORDAN 1を見ても1985年のオリジナルカラーを継承する復刻モデルだけでなく、現代的にカラーアレンジされたバリエーションの人気が高まっている。そうしたバリエーションカラーのスニーカーと、カスタムキャップの相性は最高だ。Instagramを見てもスニーカーとカラーがフックするカスタム59FIFTYを添えた画像を投稿するファンも多く、そうした"Buzz"要素がNEW ERAカルチャーを育んでいる。NEW ERA史に新たな1ページを書き加えたカスタムキャップの盛り上がりは、現代のスニーカーブームが続く限り冷める事は無さそうだ。

**NEWERA 59FIFTY**
**Los Angeles Angels Leopard Kingdom**

NEW ERA JAPANの公式オンラインショップでは、レッドカラーの59FIFTYよりも、落ち着いたカラーブロックに仕立てたエンゼルスのカスタムキャップの方が人気を集めているように見える。コーディネートとの相性を考えれば、そうした状況も納得だろう。現状では入手困難モデルの筆頭とも言えるエンゼルスのカスタムキャップは、キャップ専門店だけでなく、NEW ERA JAPANからも定期的にリリースされているので、定期的なリサーチをお勧めしたい。

## CUSTOM CAP COORDINATE SAMPLE

バリエーションカラーのAIR JORDAN 1に似合うカスタムキャップをセレクトしてみた

AIR JORDAN 1 DARK MOCHA
・NEW ERA 59FIFTY Houston Astros
・NEW ERA 59FIFTY Baltimore Orioles

AJ1 "ダークモカ" のポイントカラーは、トーンを抑えたブラウンだ。そこに合わせるべきカスタムキャップもブラウンを使用している事が前提で、ワントーンモデルならば落ち着いたコーデに仕上がり、セイルホワイトとの2トーンモデルを選べばスポーティな印象を演出できるだろう。

AIR JORDAN 1 UNIVERSITY BLUE
・NEW ERA 59FIFTY New York Yankees
・NEW ERA 59FIFTY Seattle Mariners

NCAAのチームカラーに由来する "ユニバーシティブルー" のポイントカラーは、印象的な明るいブルー。ライトカジュアルに仕上がりがちなカラーではあるものの、MLBロゴに主張があるカスタムキャップを合わせれば、スニーカーコーデに欠かせないストリート感を主張できるのだ。

AIR JORDAN 1 COURT PURPLE
・NEW ERA 59FIFTY Chicago Cubs
・NEW ERA 59FIFTY Queens Kings

パープルをポイントに落とし込んだバッシュコーデは、レイカーズ感を主張しがち。ピックアップしたChicago Cubsのように "レイカーズらしさ" を楽しむのも良いけれど、ブラウンにパープルのバイザーを合わせたカスタムキャップを手に入れれば、コーディネートの幅を広げられるのでオススメだ。

# CUSTOM CAP DESIGN／カスタムキャップデザイン

## NEW ERAコレクターが憧れる カスタキャップ製作の裏側

### デザインの理由について語られる機会に恵まれて来なかったカスタムキャップ

世界中のNEW ERAファンに愛され、ストリートシーンを鮮やかに彩るショップ別注のカスタムキャップ。国内外を問わず、かつてない盛り上がりを見せるカスタムキャップは、発売情報が公開されるとInstagramを中心とするSNSでも即時に情報が共有されている。ほんの数年前までのコミュニティでは、コアなファンが海外のキャップ専門店の発売情報をシェアするムーブメントに留まっていたものだが、現在では日本国内で企画されたモデルも海外限定モデルと同じく注目を集め、活発に情報が交換されているのはているのはご存知の通りだ。もっともファッション業界の慣習から、国内で企画されたカスタムキャップであっても、デザインの完成に至るまでのストーリーが公開されるケースが殆ど無いのは残念だ。コレクター心理としては、商品化までのバックストーリーに“買う理由”を見出すもの。ショップが提案するカスタムキャップに魅力を感じつつ、そのストーリーテリングには不満を抱いているファンが居てもおかしくない。

筆者もカスタムキャップデザインの裏側には興味を持っていたものの、その企画が許されるのは限られたショップのみで、59FIFTYが好きだからと言ってデザインを提案できるものでは無い事は理解していた。それでも個人のInstagramでカスタムキャップの投稿を毎日のように続けていたところ、NEW ERAのインラインモデルだけでなく、ショップ別注も精力的に展開するセレクトショップ“MFC STORE”から声が掛かり、「カスタムキャップのデザイン企画に参加しないか？」と提案されたのである。本プロジェクトはあくまでもMFC STOREの企画であり、筆者はコンセプトワークやディレクション等で参加する立場に過ぎないものの、表立って語られる事の少ないカスタムキャップデザインのバックストーリーを取材する、またとない機会を逃す理由は無い。後日記事化させて頂く事を条件として、参加の意思を伝えさせて頂いた。ここからお伝えするのは、カスタキャップ製作の裏側を取材した、リアルなレポートである。

何の前ぶれも無くMFC STOREからカスタムキャップ企画への参加を打診された筆者には、断る理由など何ひとつとして無かったのだ。

## 日本のセレクトショップが提案するカスタムキャップらしさを考える

今回のプロジェクトをスタートさせるにあたり、MFC STOREから最初に打診を受けたのは、2022年の11月だった。創立5周年を迎えたMFC STOREでは、それまで手掛けてきた別注モデルとは別に、リアルユーザーの温度感をデザインに反映した新たなカスタムキャップコレクションを立ち上げる企画を進めていたのである。MFC STOREの代表の近藤さんには「新アイテムの企画は本当に好きな人をチームに加えるべき」と言う信念があり、カスタムカップを買い漁り、SNSに投稿し続けていた筆者に白羽の矢を立てたそうだ。そして最初に打診を得た翌月には、近藤さんと筆者に加え、デザインワークを担当するYUGOさんによるチームが立ち上がり、顔を突き合わせたミーティングを実施している。近藤さんからは事前に「どういったカラーに仕立てたいか話したい」と伝えられていたものの、ノープランで打ち合わせするのも効率が悪いのは当然なので、事前にコンセプト案をまとめ、打ち合わせの場に持ち込んでいる。

筆者が考えたコンセプトの組み立て方はこうである。NEW ERAのアイコンとも言える59FIFTYを楽しむコーディネートがアメリカンカルチャーへのリスペクトが欠かせないのは当然であるものの、その考え方は王道であり、他のショップが提案するカスタムキャップにも反映され続けている。むしろ幅広い層がNEW ERA楽しんでいる今、もっと日本の文化にフォーカスした“ストーリー”をカラーブロックに反映した方が、フレッシュなカスタムキャップに仕上がる可能性が高い。それもスポーツだけに拘らず、日本人にとって身近な要素を反映したい…… そう頭を悩ませながら気分転換に出かけたコンビニで目に付いたのが“イチゴ大福”だったのである。コンビニやスーパーに並ぶお菓子は、誰にとっても身近なカルチャーだろう。なにより日本のセレクトショップ以外で“イチゴ大福”をテーマにしたカスタムキャップの企画が通るとは思えない。日本のファンだけでなく、外国人観光客にも喜んでもらえるカラーブロックに整えられそうだ。

MFC STOREの打ち合わせ時に持ち込んだ、コンセプト案をまとめた提案書。何を考えているかを簡潔に伝えるため、必要最低限の情報でまとめている。

## いつものコーディネートに取り入れやすく個性も併せ持ったカスタムキャップを提案したい

“イチゴ大福”の発想は偶然かもしれないが、そのコンセプトは単なる思い付きでは無かった。MLBの下部組織であるMiLB（マイナーリーグベースボール）の期間限定NEW ERAデザインには、ローカルフードをコンセプトにした59FIFTYも多く、その自由な発想に憧れていた。タコスやソーセージのNEW ERAが受け入れられるなら、イチゴ大福モデルがあっても良いじゃないか、と言うのがコンセプトの根拠である。ただしカスタムキャップのデザインとは、大まかに言えば既存のベースボールキャップの“色違い”を考えるもので、フロントにイチゴ大福のデザインを落とし込むものでは無い。そこで考えたのがイチゴは英語表記だ。イチゴは英語でStrawberryと表記し、その頭文字は“S”である。ならばチームロゴに“S”を使用するMLBチームをベースにセレクトすれば良いだろう。チームロゴに“S”を使用して、日本人に馴染み深いMLBチームには、かつてイチロー氏が所属していたシアトル・マリナーズがあるじゃないか。

イチゴ大福にシアトル・マリナーズを結び付けるロジックを受け入れてくれれば、他のお菓子にも流用できる。そして単発の企画ではなく、テーマを共通させたバリエーションを継続的に展開し、認知度を向上させれば、奇抜なカラーを使わなくてもカスタムキャップに求められる“他とは異なる楽しさ”を演出できる。どうせなら提案書に“NIPPON SNACK”のコレクションネームも書き加えておこう。この段階ではMFC STOREの承認を得ていなかったのも事実ではあるものの、打ち合わせ当日には日本のお菓子とMLBチームの59FIFTYをフックさせた全16種の“NIPPON SNACK”のコンセプトを整えて持ち込んでいる。打ち合わせ前にコンセプトを作り込むのも失礼かもと危惧していたものの、他の業界と同様に単なる“やりたい”ではなく、具体的に“こうやりたい”と提案する方が熱意を伝える面でアドバンテージとなる。この思い切りが功を奏し、打ち合わせ初日に“NIPPON SNACK”企画を進める事が正式に決定したのだ。

筆者のアイデアフラッシュを基に作成した、仕上がり時をイメージしたデザイン画。このデータをベースにして、サンプルの作成を進めていく。

## デザインの提案からサンプルの完成まで約半年の時間を費やした

カスタムキャップ“NIPPON SNACK”の製作が決まると同時に、デザインワーク担当のYUGOさんがNEW ERA JAPANに提案するフォーマットに落とし込む作業をスタートした。リアルなイチゴ大福は見た目が純白に近いが、ベースカラーにはあえてセイルホワイトを選び、キャップとしての使いやすさと“餅っぽさ”を演出したい。逆にフロントロゴはピュアホワイトで、イチゴ大福に振りかけた片栗粉を表現したいなど、コダワリよりもワガママに近い要望が目の前でデザインに落とし込まれていく。デザインが整ったら近藤さんに承認を得て、ようやくNEW ERA JAPANへの提案となる。MFC STOREから提案を受けたNEW ERA JAPAN側では、フロントロゴとサイドパッチのマッチングをはじめ、カスタムキャップのレギュレーションに準じているかを確認。それと共にパーツの素材やカラー等を細かく設定した後に、北米のNEW ERA本社にデザイン案が送られ、最終的なアプルーバル（承認）を経て、サンプルの製作がスタートする。

待望の59FIFTY“ICHIGO-DAIFUKU”のサンプルが国内に到着したのは、2023年5月の中旬だった。デザインの提案からサンプル完成までに、約半年の時間を費やした計算となる。コンセプトを提案した側の感想としては、贔屓目抜きにイメージを超える仕上がりだ。こだわり抜いたセイルカラーのクラウンと純白のロゴだけでなく、餡子に包まれるイチゴをバイザーとブリムのカラーで再現するコンセプトも見事再現されている。細かいディテールでも、ベースカラーと同色の天ボタンで全体の主張を控えめにして、コーディネートへの取り入れやすさに配慮した辺りも伝わって欲しい。一般的にサンプルの段階でイメージと異なる場合には修正版のサンプルを製作するのだが、このカラーに関してはサンプル通りに生産するのが正解だろう。“ICHIGO-DAIFUKU”は年内発売を目指して絶賛生産中。詳しい発売情報は後日MFC STOREの公式サイトやオフィシャルSNS等でアナウンス予定なので、続報に期待して欲しい。

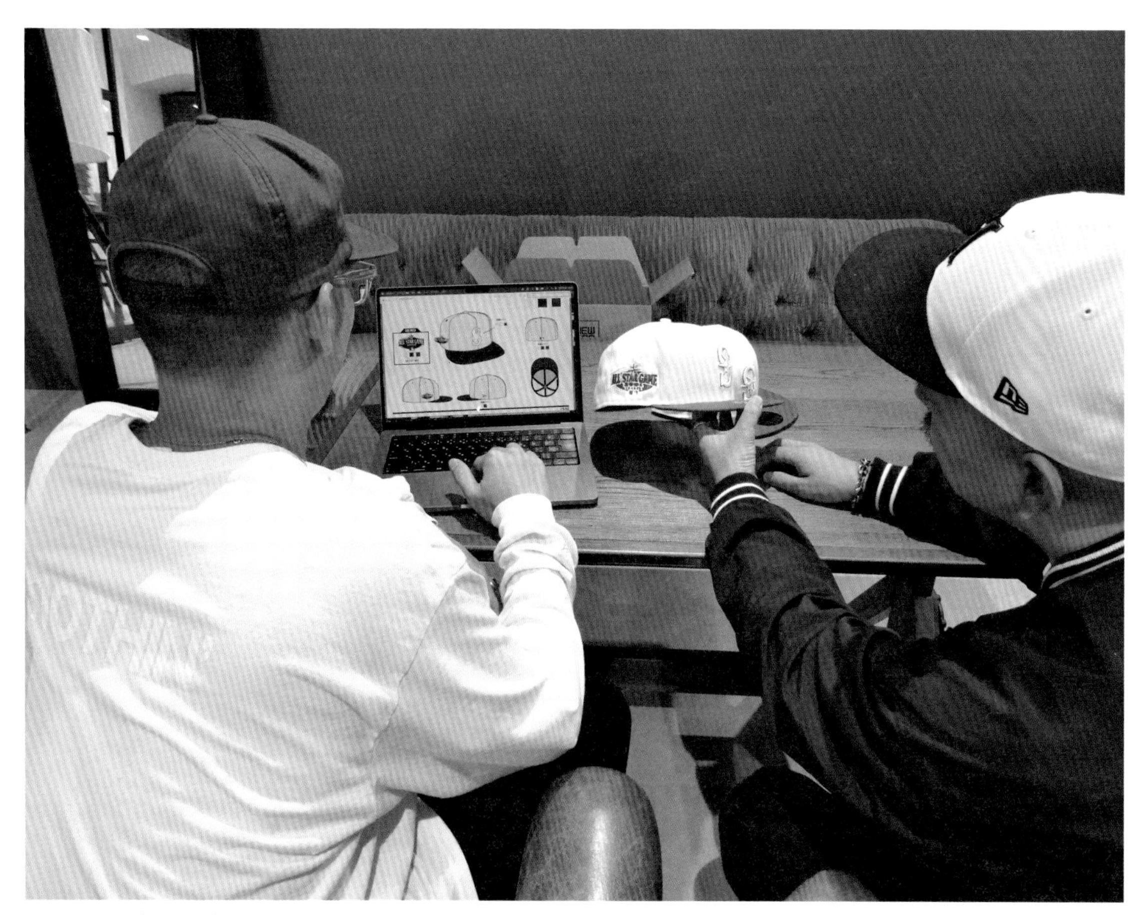

デザインコンセプトとサンプルを比較して、細部のバランスを検証するMFC STOREの近藤さん（右）とYUGOさん（左）。筆者を交えて確認した結果、サンプルのディテールのまま発売バージョンのカスタムキャップを生産する事を決定した。

# 日本のお菓子のコンセプトで仕立てた
# 59FIFTY Seattle Mariners ICHIGO-DAIFUKUの
# サンプルを世界に先駆けて大公開！

ここまでのレポートで“NIPPON SNACK”や“ICHIGO-DAIFUKU”等のデザインコードを表記して来たが、このアイテムのプロフィールはあくまでMFC STOREがNEW ERA JAPANに別注したNEW ERA 59FIFTY Seattle Marinersのカスタムキャップであり、それ以外のキーワードはニックネームの類に過ぎない。それでもこの59FIFTYが実際に発売され、ファンの手元に届いた際に”いちご大福“と呼んでくれたら嬉しい限り。取材した内容には社外秘や厳秘情報も含まれ、全ての流れを詳細にレポートしたものでは無いものの、ひとつのカスタムキャップが誕生するまでの守るべき手順とルールの一端が垣間見れたとしたら幸いだ。念のために触れておくが、今回取材にご協力頂いたMFC STOREやNEW ERA JAPANでは、一般に向けてカスタムキャップ提案の窓口を開いているものではない。ここまで目を通したレベルのファンであれば、カスタムキャップのアイデアも考えているだろうが、先方からの依頼も無く、デザインやコンセプトを持ち込むような行為は慎んでいただくよう強くお願いする。

本項で紹介したMFC STORE提案のカスタムキャップは、2023年の後半に、MFC STORE店頭もしくはオンラインストアで発売予定。この原稿を書いている2023年6月時点では、確定した発売日等の情報が無いため、MFC STOREの公式ウエブサイト等で続報を確認しよう。

MFC STORE officaial web

# Voice YouTuber

## 常に最高傑作を追い求めるスタンスが共感を呼ぶ カスタムキャップの楽しさを広めたYouTuber

現代のストリートシーンで絶大な人気を集める59FIFTYのカスタムキャップ。その伝道師のひとりとしてファンから支持を集めているファッショニスタのひとりが朝岡周さんだ。その名を馳せるサックスプレイヤーであり、アパレルブランド「SAMPLES」のディレクターも務めるスニーカー系YouTuberと、唯一無二のプロフィールを持つ人物で、彼がカラーブロックを提案するLafayette別注モデルの59FIFTYはファンに“周エラ”と呼ばれ、コレクターズアイテム化している。今回は朝岡周さんに、自身が提案するカラーブロックのスタンスを伺った。

朝岡さんが初めてディレクションしたLafayette別注モデルの59FIFTYは、バーガンディカラーの“Brooklyn Dodgers”。ファンに“周エラ”のニックネームで親しまれるカスタムキャップの歴史はここから始まった。

僕がNEW ERAを本格的に気にするようになったのは実はそんなに昔では無くて、2020年の2月にニューヨークを旅して、現地の空気感に直接触れてからの事なんです。それ以前もキャップは被っていましたけど、NEW FRAの59FIFTYにこだわって集める事は無かったですね。59FIFTYに興味を持ってからは、ニューヨークの経験もあってヤンキースを中心に集めていました。最近はヤンキース以外の59FIFTYも良く被りますけど、ジャケットなんかもそうですが、MLBがめちゃめちゃ好きじゃなくてもヤンキースのアイテムはストリートのアイコンですからね。

NEW ERAにのめり込むようになった理由のひとつが、海外のキャップショップが発売するカスタムキャップ（別注モデル）の存在です。当時は国内では殆ど見る機会が無かったサイドパッチ（サイドパネルに施される刺しゅうのエンブレム）や、ピンクのつば裏（ブリム）モデルは一時は本当に入手困難でしたね。希少価値だけじゃなく、いつものNEW ERAみたいに見えるけど、顔の角度でチラッとピンクが見えてコダワリが演出できる辺りが良いんですよ。でも海外のキャップショップは新作のリリースをニューヨークのお昼に合わせる事が多くて、日本だと朝の4時とかになっちゃうんです。僕も朝の4時にブラウザにはり付いてました（笑）。欲しいけど入手困難。入手困難だけど頑張ればたまに買えると言うギリギリのラインって、コレクター魂を刺激しますよね。手持ちのカスタムキャップが増えるにつれて、動画で被る機会も増えていきました。そうしたら「そのキャップは何ですか?」みたいな質問も増えて来たんです。当時も海外のカスタムキャップを購入している人はそれなりに居ましたけど、日本のYouTuberが動画で被るケースは少なかったのかもしれません。

そして僕にとっても大きな転機となったのが、2020年の半ばに差し掛かった頃。いつもお世話になっているLafayetteさんから声を掛けて頂いて、別注モデルのカラー提案をさせてもらえる事になったんです。大好きだったカスタムキャップの提案が出来るなんて、断る理由なんて無いですよ。今では視聴者さんやSNSで“周エラ”って呼んでもらって、僕の別注モデルみたいに言われていますけど、基本的には“Lafayette別注カスタムキャップの朝岡提案カラー”で、その中の一部のモデルが、僕がディレクションするSAMPLESブランドとLafayetteとのジョイントコラボアイテムになります。

2021年2月に発売された最初の“周エラ”のベースはヤンキースではなく、ブルックリン・ドジャースを選んでいます。今はロサンゼルスを象徴するドジャースが、かつてニューヨークに本拠地を置いていた歴史にフィーチャーする事で、東海岸と西海岸の文化をクロスさせる意味合いも込めました。僕は音楽家としてのプロフィールが根本にあるので、EAST SIDEとWEST SIDEのヒップホップ文化

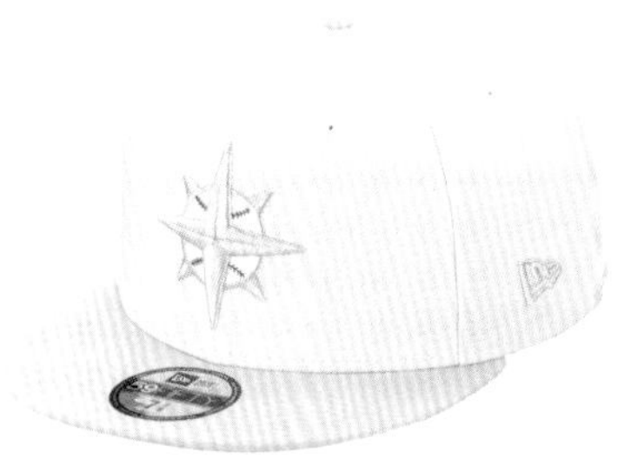

**NEW ERA 59FIFTY**
**Chicago Cubs WORLDSERIES**

クラウンの前後でカラーを変更した意欲作。カラーのトーンを絶妙に整える事で、周エラのファンからも「画像で見るよりも断然使いやすい」と好評を得ている。

**NEW ERA 59FIFTY**
**Seattle Mariners 30th ANNIVERSARY**

淡いパステルカラーで整えながら、フロントロゴでしっかりと個性を主張したカスタムキャップ。フロントロゴのボールの縫い目に落とし込んだレッドもアクセントだ。

**NEW ERA 59FIFTY**
**New York Mets 50th ANNIVERSARY**

オレンジのクラウンとセイルホワイトに染まるバイザーの組み合わせは、ありそうで無かったカラーブロック。周エラの次のステージを予感させる仕上がりだ。

# Voice YouTuber

が競争を繰り返して成長を遂げたストーリーも表現しようと考えたんですよ。いま改めて見るとベーシックな仕上がりですけど、渋いマルーンカラーのフロントにセイルカラーの刺しゅう糸を使ってビンテージ感ある仕上がりを意識しています。当時の朝岡周にとって、最高傑作だったと思いますね。

その“周エラ”の展開も丸2年を超え、これまで複数のモデルをリリースして来ました。最近ではYouTubeのライブ配信時でもSAMPLESブランドの話題やスニーカーの話題と共に、NEW ERAが欠かせないテーマになっています。皆さんの反響を受けて今は生産数もかなり増やしているのですが、それでも抽選販売で購入出来なかったと言う声もまだまだ多くて、本当に申し訳ないと思っています。ただ、そうした声も含めて僕のモチベーションになっていますし“周エラ”は進化を続けます。

以前の“周エラ”はニューヨークのカルチャーを反映する事を強く意識していましたが、2023年からは“朝岡周らしさ”を前面に押し出した仕上がりを意識しています。59FIFTYのカスタムキャップはここ数年で国内でもラインナップが増え、入手しやすくなりました。それとカスタムキャップの楽しさが広まるにつれて、海外のキャップショップをチェックする人も増えたように感じています。そうなると、日本でしか手に入らないカスタムキャップを提案したくなりますよね。僕としては“朝岡周らしさ”を強調する事で、日本ならではのカスタムキャップが提案できると考えています。

僕がディレクションするSAMPLESブランドの特徴には、パステルカラーの活かし方があります。淡いカラーをポイントに落とし込みながら、フェミニンになり過ぎない仕上がりを意識する。そのバランス感を2023年の“周エラ”にも反映しています。もちろんパステルカラーを使ったNEW ERAは他にもありますけど、そことの差別化はしっかりと表現できていると思うんですよ。

これだけNEW ERAを被っている日本人が増えたのだから、アメリカンカルチャーに敬意を表しつつも、日本らしいNEW ERAがあって良いと思うし、それが当然だと思っています。コロナ禍のステージが変わって外国人観光客の数も増えています。彼らが日本のストリートシーンに触れて「日本人がカッコいいNEW ERAを被ってる！」と驚かせる文化を生み出しますよ！

**朝岡 周（あさおか・しゅう）**

YouTubeチャンネル『朝岡周&The Jack Band』を主宰する、サックスプレイヤーの肩書を持つ異色のスニーカー系YouTuber。アパレルブランド「SAMPLES」のディレクターも務め、スニーカーだけでなく、全身のコーディネートありきのスニーカーシーン情報を発信し続けている。

YouTube
朝岡周&The Jack Band

朝岡周
公式Instagram

## 次に何が出るのか予想できないワクワク感

周エラファンから見た魅力のひとつが、新作予想を良い意味で裏切られ続けているワクワク感だ。発売後に即完売するのが当たり前の周エラだけに、過去モデルを再販や、色違いを期待する層も少なくない。恐らくそうした声は朝岡さんの耳に届いているハズだが、常に“新しさ”を追い求めるスタンスがブレる気配は無さそうだ。

# 第2章 NEW ERA

## ストリートシーンに根付いたNEW

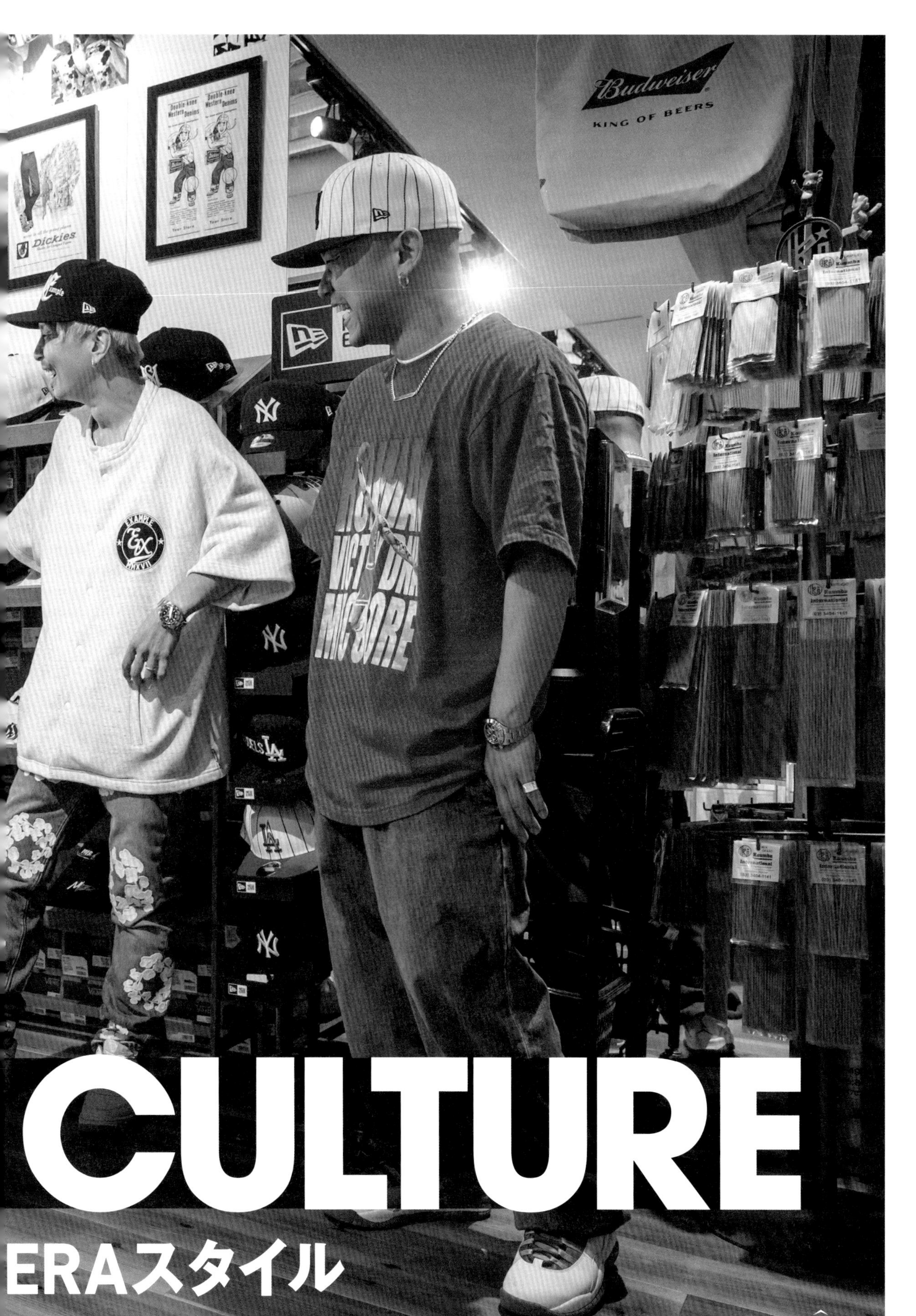


# CULTURE
## ERAスタイル

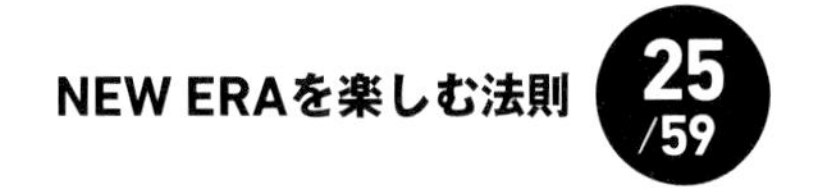

NEW ERAを楽しむ法則 25/59

# NEW ERA HERITAGE／2000年代を振り返る

## NEW ERAカルチャー温故知新 2000年代にファンを熱狂させた59FIFTY

国内のストリートカルチャー史におけるNEW ERA人気は、2000年代中期から後期にかけても相当の盛り上がりを見せていた。MLBやNBAモデルが支持されていたのは現代のムーブメントとは変わらないものの、その当時には"カスタムキャップ"と言う概念は無く、特別なNEW ERAの代名詞と言えば裏原系や横ノリ系が手掛けた別注59FIFTYを意味していた。裏原系ブランドの明確な定義は無いとされるものの、当時を知るNEW ERAファンであれば、1990年に立ち上げられたGOOD ENOUGHを筆頭に、裏原宿エリアでストリートカルチャーを育んだブランド群を思い出すハズ。その裏原系ブームの終焉は2010年頃とされ、その前後にコレクションを終了したブランドも少なくない。ピーク時の熱狂を知る世代にとっては寂しい状況ではあるものの、若い世代を中心に、裏原系ブランド人気がリバイバルしているとも伝えられている。クローゼットに当時のNEW ERAをしまい込んでいるならば、掘り出す事をお勧めする。

かつてのNEW ERAカルチャーにおける、もうひとつの主役と言うべき横ノリ系とは、スケートボーディングやスノーボード等のスポーツに紐づくブランドを意味するキーワードだ。もっとも横ノリ系スポーツをルーツに持つSupremeやStussyは裏原系ブランドとしても認知されていて、その線引きは曖昧だった記憶がある。SupremeやStussyの別注NEW ERAが今もリリースされているのに対し、コア層に支えられる地元密着型のスケートショップが手掛けたコラボモデルは以前に比べて本当に少なくなった。そうした背景の本質にまでは分からないものの、筆者がヒアリングした範囲ではショップに通うスケーターの多くが別注のNEW ERAよりもMLBモデルを好むようになり、在庫を抱えるリスクを負ってまで、コラボモデルをリリースする必要が無くなったそうだ。個性が際立つショップ別注モデルが手に入らない状況こそ残念に思うが、スケーターがNEW ERAを愛用するカルチャー自体は、今も昔も何ら変わりないのである。

**NEW ERA 59FIFTY A BATHING APE BAPE STA**
裏原ブームを象徴するブランドの代表格。現在も不定期ながらコラボモデルがリリースされ、良サイズは早々に完売している。

**NEW ERA 59FIFTY MADHECTIC**
1994年にプロスケーターとバイヤーがジョイントして立ち上げ、2012年にコレクション展開を終了したMADHECTIC（HECTIC）の59FIFTY。

**NEW ERA 59FIFTY NITRAID／AGITO**
ヒップホップグループ"NITRO MICROPHONE UNDERGROUND"のメンバーが立ち上げたNITRAIDも裏原カルチャーを象徴するブランドだ。

**NEW ERA 59FIFTY FIVE-O DUPPIES DESTROY BABYLO**
あえてムーブメントのピークを過ぎた裏原エリアに拠点を置いたブランドが提案した59FIFTYは、メッセージ性の強いフロントロゴが印象的。

## 裏原宿エリア発のカルチャーを今に伝える59FIFTY

かつての裏原エリアを彩ったブランドコラボの59FIFTYからは、ひと目で“それ”と分かる個性を醸し出す。MLBチームがベースのカスタムキャップが比較的入手しやすくなった今、こうした個性派59FIFTYが再び注目を集める予感がする。

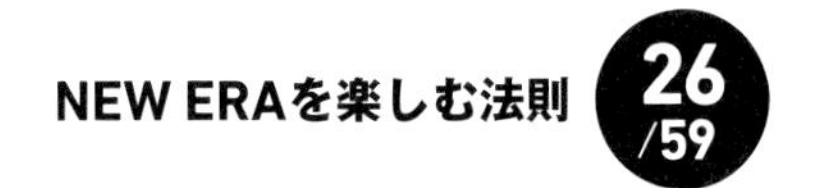


# COLLABORATION MODEL／コラボレーションモデル

## ハイブランドとのコラボモデルが NEW ERAの価値を更に高めていく

NEW ERAがストリートの定番となった背景には、ブランドとジョイントしたコラボレーションモデルの存在が欠かせない。仮にNEW ERAがスポーツに特化したアイテムのみをリリースするブランドであったとしても成功を収めていたのだろうが、現在のような世界観を構築するのは難しかっただろう。そのブランドコラボの功績はNEW ERAも認めている。ニューヨーク州バッファローに拠点を置くNEW ERA本社に併設する直営店内のミュージアムには、2023年5月の時点でFear of GodとSupreme、そしてStussyが手掛けたコラボ系59FIFTYが展示されていたそうだ。その他にも現在のファッションシーンを牽引するKITHやAimé Leon Dore、Hidden NYからも、定期的にコラボモデルがリリースされているのはご存知の通り。さらにヴァージル・アブローが41歳の若さで亡くなった翌年にも59FIFTYがベースのOff-Whiteコラボがリリース。発売前の情報が乏しかったにも関わらず即完売して、SNSを大いに賑わせた事も記憶に新しい。

Fear of Godのディフュージョンラインである ESSENTIALSや、JUST DONが提案する59FIFTYのような例外はあるものの、ハイブランドやセレクトショップとコラボした59FIFTYは、NEW ERAの直営店では無く、各ブランドの直営店やオンラインストアでリリースされるのが一般的だ。例えば2021年にKITHが創業10周年を記念して、30種類ものLP59FIFTY “New York Yankees” を発売した際にもNEW ERA公式オンラインストアでの扱いは無く、KITHのオンラインストアは激しい争奪戦が予想されたため、多くのファンが宮下パークのKITH TOKYOに集結。その結果、明治通り沿いに200人を軽く超える長蛇の列を生み出したのである。こうした入手困難な状況はファンにとって迷惑な話ではあるものの、NEW ERAブランドに付加価値を生み出しているのは事実。ハイブランド側にとっても魅力的なパートナーである状況は今後も続くだろう。コラボモデルをターゲットにするコレクターが、情報収集に帆走する日々も続きそうだ。

NEW ERA 59FIFTY
Fear of God
FIFTH COLLECTION

NEW ERA 59FIFTY
Supreme
BOX LOGO

NEW ERA 59FIFTY
Stussy
CURLY S

## NEW ERAも認めるブランドコラボの魅力

ブランドコラボのNEW ERAは大きく分けて、MLBモデルをベースにするタイプと、ブランドロゴをフロントパネルに落とし込んだタイプに分けられる。前者はさりげない“コラボ感”を楽しむ際には最適であり、後者は熱心なブランドファンにとってのマストアイテムになり得るだろう。

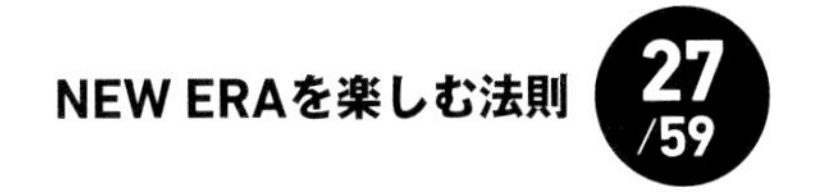


# NICKNAME／ニックネーム

## カスタムキャップの旬を楽しむ
## ニックネームは人気のバロメータ

　ここまでも何度かお伝えしている通り、世界的なNEW ERA人気を牽引しているのは、MLBモデルのカラーブロックをアレンジした“カスタムキャップ”である。国内での流通量が限られ、海外のキャップ専門店から個人輸入するのが当たり前だった時代では、カスタムキャップは“選んで買う”ものではなく、“買えるものを買う”のが当たり前だった。ただ、そうした状況は目に見えて改善されている。国内未発売モデルの魅力は今も色褪せていないものの、現在のNEW ERAマーケットには国内のセレクトショップだけでなく、NEW ERA JAPANからリリースされた多くのカスタムキャップが並んでいる。最近ではNEW ERA JAPANで発売された際に即完売したカスタムキャップが、ショップ別注モデルとしてリバイバルされるケースも確認されている。人気モデルの入手難易度が低くなるのは歓迎すべきであるものの、最近になって興味を持った層の中には、限られた予算（小遣い）の中でどれを購入するべきか迷っている人も居るハズだ。

　カスタムキャップがファッションアイテムである以上、旬のモデルを優先するのは正しい選択だ。その“旬”を見極める指標のひとつに、コミュニティで共有されるニックネームがある。具体例を紹介すると、2022年のSNSで共有されたニックネームに“クマちゃん”がある。シカゴ・カブスが1979年から1993年にかけて使用した、子熊のロゴを使ったカスタムキャップに与えられたニックネームで、公式設定ではなく、国内のファンコミュニティから自然発生したものだ。その“クマちゃん”はまさに2022年当時の旬のアイテムで、並行輸入品を扱うショップでも常に目玉商品となり、発売されると数分で完売するのも当たり前だった。やがてNEW ERA JAPANからも“クマちゃん”がリリースされ、一時の熱狂もひと段落している。その状況をネガティブに捉えず“ようやく好みのカラーを買えるようになった”とポジティブに受け止めているファンも少なくないようで、2023年の“クマちゃん”も旬のアイテムと評して差し支えないだろう。

**NEW ERA 59FIFTY**
**Chicago Cubs A CENTURY OF CUBS**
**“門松クマちゃん”**

NEW ERA JAPANが2023年の正月に合わせてリリースした“クマちゃん”のカラーバリエーション。日本の正月を連想させる“門松”カラーが話題を集め、1月2日の発売にも関わらず、人気の高いサイズは一瞬で完売した。

**NEW ERA 59FIFTY**
**Houston Astros ANNIVERSARY**
**“ハイネケン”**

誰もが世界的に有名なビール銘柄を思い出すであろう、ヒューストン・アストロズがベースのカスタムキャップ。ファンにも“ハイネケン”と呼ばれて親しまれているが、NIKE SB DUNK “Heineken”がビールメーカーからクレームを受け、回収された歴史があり、売り手が“ハイネケン”と呼ぶ事は絶対に許されない。

**NEW ERA 59FIFTY**
**Tampa Bay Rays TROPICANA FIELD**
**“トロピカーナ”**

世界的なオレンジジュースブランド“トロピカーナ”を連想させる、カラーブロックが印象的だ。そもそもタンパベイ・レイズのホームスタジアムが“トロピカーナ・フィールド”であり、サイドパッチにも“Tropicana”の文字が確認できる。このカスタムキャップを“トロピカーナ”と呼んでも怒られる事は無さそうだ。

## NICKNAMED CUSTOM CAP

2022年に多くのファンを熱狂させた“クマちゃん”人気のピーク時には、好みのカラーを選ぶ余裕など全く無く、どのカラーでも購入できれば運が良いと言う状況だった。その“クマちゃん”フィーバーもようやく落ち着き、趣味として楽しめる環境が整ったのだ。

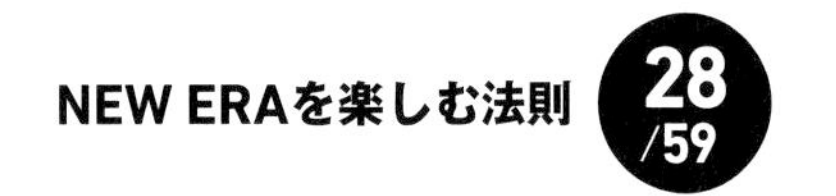


# SAMURAI JAPAN／侍ジャパン

## 国内正規販売が実現しなかった 日本代表仕様の59FIFTY

2023年3月8日から21日にかけて開催された『2023 WORLD BASEBALL CLASSIC』は、野球ファンだけでなく、普段はプロスポーツに興味を示さない層をも巻き込んだ社会現象と評しても過言ではない出来事だった。この大会に出場する日本代表チームは“侍ジャパン”と呼ばれ、大谷翔平やヌートバーらの活躍に魅了されたのも記憶に新しい。ただNEW ERAファンからしてみると、韓国やメキシコ、そして決勝戦を闘ったアメリカ代表の59FIFTYが店頭に並べられていたにも関わらず、侍ジャパン仕様の59FIFTYが、国内での正規販売が実現しなかった事を残念に感じていたに違いない。その理由について公式なアナウンスは無いため筆者の憶測になるが、ユニフォームサプライヤーのMIZUNOとの間に、国内の正規販売はMIZUNOモデルのみと言う契約が含まれていたと考えるのが妥当だろう。2023年デザインの59FIFTY“侍ジャパン”は、海外から個人輸入するか並行輸入品を購入する選択肢しか無かったのだ。

また侍ジャパン以外のWBCモデルが発売された際に、「侍ジャパン仕様のNEW ERAは発売されない」とする事前アナウンスが無かったため、後に国内でも正規に販売されるかもしれないと言った憶測を呼び、多くのNEW ERAファンを混乱させた事も付け加えておこう。筆者は運良く米国のMLBの公式オンラインストアで購入する事が出来たが、それでも国内正規販売に望を掛け、サイズが欠け始めるギリギリまで粘っていたので、通常よりもワンサイズアップを選ばざるを得ない状況に追い込まれたのだ。ここで紹介するのは、苦労しつつも個人輸入で手に入れた59FIFTY“侍ジャパン”モデル。WBCプレミア12が開催された2019年から継承されるレッドカラーの“J”とゴールドのアウトライン、そしてサイドパネルの国旗も誇らしい仕上がりだ。日本の野球ファンにとっても特別なプロダクトではあるものの、入手困難モデルなのも事実であり、現在のリセールマーケットにて、それなりの高値で取り引きされているのが何とも残念。

**NEW ERA 59FIFTY**
**2023 WORLD BASEBALL CLASSIC**
**SAMURAI JAPAN**

苦労して手に入れた59FIFTYの侍ジャパンモデル。誤解の無いように補足すると、国内で侍ジャパンモデルのベースボールキャップが発売されなかったのでは無く、NEW ERAの侍ジャパンモデルが発売されなかった意味なので念のため。

**SAMURAI JAPAN**

WBCの開催にあわせ、国内ではMIZUNO製の侍ジャパンモデルのベースボールキャップがリリースされていたが、そちらも発売直後に完売している。仮に59FIFTY版が国内で正規販売されていたとしても、想像を絶する争奪戦は避けられなかっただろう。

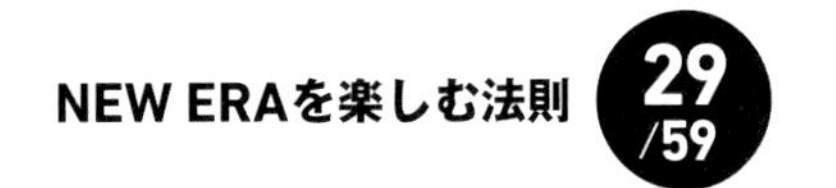


# MLB PLAYERS from JAPAN／日本人メジャーリーガー

## NEW ERAと日本人メジャーリーガーの蜜月な関係
## キャップに刺繍されたナンバリングに注目

WBCの盛り上がりがNEW ERAユーザーを増やした事は、多くのファンが肌で感じているだろう。そのムーブメントは一過性のものではなく、日本人メジャーリーガーが活躍するMLBチームのNEW ERA人気へと受け継がれている。この原稿を書いている2023年6月時点で大谷翔平選手が所属する“ロサンゼルス・エンゼルス”の人気は言わずもがな、Twitterを使いこなし、若い世代からの知名度も高いダルビッシュ有選手の“サンディエゴ・パドレス”モデルのNEW ERAを街で見かける回数も、WBC以降には明らかに増えている。ここまでの盛り上がりは過去に記憶が無いものの、そもそも日本のベースボールキャップファンにとって、日本人メジャーリーガーが所属するチームのNEW ERAは馴染み深いヘッドウエアだった。1995年に野茂英雄氏がロサンゼルス・ドジャースと契約して以降、多くの日本人選手がMLBで活躍している。イチロー氏や松井秀喜氏の活躍を、昨日の事のように覚えているファンも居るだろう。

日本人メジャーリーガーの功績を讃え、NEW ERAからもプレイヤーに紐づくディテールを落とし込んだ59FIFTYが度々リリースされている。例えば2021年シーズンに大谷翔平選手が記録した数字にフォーカスしたモデルでは、バックパネルにバッターとピッチャーのシルエットをデザインし、バッターとして46本のホームランを打ち、ピッチャーとして9勝をあげた歴史を記録している。その数字は今後も更新されるのだろうが、シーズンごとにイヤーモデルを発売して欲しいのがファンの本音だろう。またサイドパッチにナンバリング“11”をデザインしたシカゴ・カブスは、2018年当時のダルビッシュ有選手をフィーチャーした59FIFTYだ。実力があってもチームを移籍するのが当たり前のMLBだけに、推し選手が所属した全チームの59FIFTYをコレクションするのも面白い。そしてバックパネルに“55”を刺繍するニューヨーク・ヤンキースは、松井秀喜氏を讃えるカスタムカラー。日本人メジャーリーガーの歴史に紐づく逸品だ。

NEW ERA 59FIFTY
Los Angeles Angels 大谷翔平

NEW ERA 59FIFTY
Chicago Cubs ダルビッシュ有

NEW ERA 59FIFTY
New York Yankees 松井秀喜

## 日本人メジャーリーガーモデルの59FIFTY

ここで紹介した3モデル以外にも、日本人メジャーリーガーにフィーチャーしたNEW ERAが発売されているので探してみよう。但しフロントパネルに選手名を感じで刺繍しただけのタイプは、通常モデルのオンフィールドキャップに、後付けで選手名を刺繍した可能性もある。ベースの59FIFTYが本物なのは間違いないが、NEW ERAの純正デザインにこだわるコレクターは注意が必要だ。

# MLB 2023 ALL-STAR GAME／MLBオールスター・ゲーム

## 2023年6月30日に勃発した激しい争奪戦 大谷翔平のオールスターモデルを追え！

日本人メジャーリーガーに紐づくNEW ERAでは、大谷翔平選手が試合で着用する59FIFTYの話題性が突出している。去る2023年6月30日には、大谷翔平選手がMLBオールスター・ゲーム（以下ASG）で着用するスペシャルカラーの59FIFTYが発売され、翌日のニュースにも取り上げられる程の争奪戦が勃発した。

2023年仕様の59FIFTY“ASG”は複数のデザインテーマが用意され、本戦仕様のASGモデルはベースに“オンフィールド・キャップ”をセレクトし、ベースカラーをイメージカラーのミントグリーンで統一。フロントロゴをネイビーと亜鉛色の刺繍糸でインプットした特別仕様に仕立てられていた。普段使いとしても使いやすいカラーブロックだけに、SNS上の反応を見ると、多くのファンが早くから購入を検討していたようだ。実はこのモデル、国内に先駆けて北米や一部のヨーロッパで発売されている。日本に向けて発送可能なショップはどこもミントグリーンのロサンゼルス・エンゼルスのみが完売していたのだ。

こうした状況から導き出せる答えはひとつ。日本国内からのオーダーが殺到しているのだ。先行発売分の在庫状況は国内のファンを慌てさせ、正規販売時の争奪戦を覚悟したのである。悪いことに2023年6月30日は平日（金曜日）で、公式オンラインストアの発売が10時にスタート。多くの社会人には厳しい逆風が吹いていた。にも拘わらずオンラインではものの数分で全てのサイズが完売し、多くのファンが何らかの方法で対策を立てていたことが推測される。またNEW ERA JAPANの実店舗では、朝イチに駆け付ければ希望サイズを購入可能だったようだが、そもそも平日の10時に足を運ぶことが可能だったファン自体が少なかったハズ。その店頭在庫も午前中には概ね完売したと伝えられている。需要と供給のバランスが良いとは言えず入手困難を極めたエンゼルス“ASG”は、国内定価が税込7150円だったのに対し、発売当日にはネットオークションやネットフリマでは1万5000円を超える相場で取り引きされていた。

NEW ERA 59FIFTY
Los Angeles Angels
MLB 2023 ALL-STAR GAME

## ASGモデルは全てが売り切れている訳では無い？

2023年のASGモデルは大谷選手のエンゼルスにフォーカスすると大ヒット作のように見えるだろうが、実は人気に偏りがあり、ミントグリ ンのASG本戦仕様であればエンゼルスの他、開催地のシアトル・マリナーズと、ダルビッシュ選手のサンディエゴ・パドレスが完売している状況だ。但しこの原稿を書いているのがASG開催前のタイミングなので、試合の様子が放映された後には他のチームも在庫を減らしていくだろう。

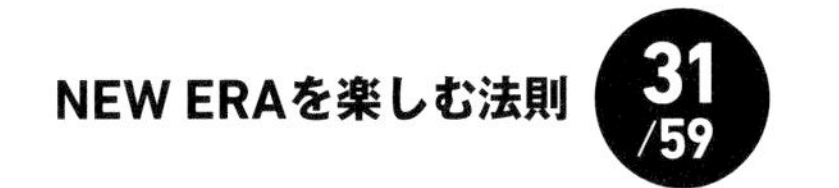


# NIPPON PROFESSIONAL BASEBALL／日本プロ野球

## 2000年代後半のストリートシーンで愛された日本プロ野球チームの59FIFTYとは？

NEW ERAからは海外のスポーツチームだけでなく、日本プロ野球（NPB）全12球団のオフィシャルキャップも発売されている。ニューヨークの人々がヤンキースの59FIFTYを愛用するように、NPBチームのNEW ERAを日常で被るのも悪くないが、応援グッズの“野球帽”的な印象が強いのか、ストリートでNPBチームのNEW ERAを見かける機会は少ないのが実際のところ。実際に都内のキャップ専門店でヒアリングを行うと、NPBモデルは日本人よりも外国人観光客に評判が良いとの答えが返ってきた。ただ2023年はWBCや日本人メジャーリーガーの活躍で野球自体の人気が高まっており、ヘッドウエアとしてのNPBモデルも無視できない存在になりつつある。そのNEW ERAとNPBのパートナーシップは、2004年から始まった。日本の球団として初めて選手用キャップの契約を締結したのは横浜DeNAベイスターズ。その59FIFTYはスポーツ観戦グッズだけでなく、ファッションアイテムとしても人気を得た歴史が知られている。

NEW ERAと契約する以前のベイスターズモデルは、フロントパネルにチームの頭文字を意味する“B”ロゴに、スターマークを組み合わせたデザインを落とし込んでいた。それに対して2005年と2006年のセ・パ交流戦用にNEW ERAがデザインした59FIFTYは、スターマークが省略され、飾り文字の“B”ロゴのみで仕立てられている。一見するとどこのチームか分からないデザインで、熱心なベイスターズファンは不満を抱いたかもしれないが、そのシンプルな仕上がりはプロ野球ファン以外にも受け入れられ、当時のクラブシーンでも着用されたのだ。更に2004年に設立されたばかりの国内正規代理店“NEW ERA JAPAN”は、ベイスターズをベースとするカスタムキャップ（別注モデル）のオーダーにも柔軟に対応したと伝えられている。ごく短い期間ではあるものの、当時のファッショニスタを刺激した“B”ロゴのみのベイスターズモデルは、その歴史を知るコアなファンが探し求め、現在ではコレクターズアイテム化しているのだ。

**NEW ERA 59FIFTY**
**YOKOHAMA BAYSTARS**
**2005-2006 セ・パ交流戦**

2005年からスタートしたセ・パ交流戦用にデザインされた、選手着用モデルと同仕様の59FIFTY。Bロゴを使った公式戦モデルは2011年まで作られている。

**NEW ERA 59FIFTY**
**YOKOHAMA BAYSTARS**

選手用ではなく、普段使い用にカジュアルダウンしたベイスターズモデルとしては、かなり初期にデザインされた59FIFTYのひとつ。ホワイトのパイピングが特徴的だ。

**NEW ERA 59FIFTY**
**YOKOHAMA BAYSTARS**

Bロゴをデザインしたメッシュキャップも存在する。現在のメッシュキャップに多く見られる9FIFTYではなく、59FIFTYがベースにセレクトされているのも面白い。

## 野球人気の盛り上がりで再注目されるNPB系のNEW ERA

フロントロゴの個性が控えめなNPBモデルのNEW ERAであれば、ストリートで楽しむヘッドウエアとして楽しめるのは間違いない。ここではベイスターズのキャップをピックアップしているが、NPBモデルには過去に使用されていたチームロゴを復刻したバリエーションもリリースされている。中にはシンプルなフロントロゴを搭載するNPBモデルもあるので、気になる人はリサーチしてみると良いだろう。

NEW ERAを楽しむ法則 32/59

# MINOR LEAGUE BASEBALL／マイナーリーグ

## 他の人とは違う59FIFTYを探すなら マイナーリーグに注目すべき

59FIFTYのコレクション数が増えてくると、他の誰もが所有していない“自分だけの逸品”が欲しくなるのはコレクターの性だろう。市販されるNEW ERAが量産品である以上、世界にひとつだけのレアアイテムを入手する事は現実的とは言い難い。それでも少し目線を変えるだけで、他のコレクターとは被らないアイテムが手に入るのも59FIFTYコレクションの醍醐味だ。

筆者が個人的にお勧めしたいのが、マイナーリーグ（MiLB）の59FIFTYである。その理由は主に3つ。最初の理由はチームの多さ。MiLBに所属するチーム数は非常に多く、2020年に全120チームに改編される以前には、160ものチームがMiLBに所属していた。さらに本拠地を移転してチーム名が変更されるケースも多く、過去のデザインも含めると膨大なチームロゴが存在する。バリエーションが多ければ多いほど、特別な59FIFTYに出会える可能性は上昇する。さらに手に入れる際に相応の労力を要する点も、コレクター心理を刺激してくれるのだ。

次に挙げるポイントはMiLBのチームロゴと、59FIFTYの相性だ。59FIFTYにはNBAやNFLなどベースボール以外のプロスポーツモデルも存在し、そのデザインも興味深く面白いが、ごく稀にベースボールキャップとの相性に違和感を覚えるロゴが存在するのも正直なところ。その点MiLBは元々がベースボールチームなだけに、チームロゴも59FIFTYに馴染むのである。そして最後のお勧めポイントが、豊富な限定ロゴの存在だ。MiLBモデルの59FIFTYには、2022年シーズンからスタートしたMARVEL COMICSとのコラボロゴを落とし込んだバリエーションから、ホームタウンで愛されるローカルフードを啓蒙するモデルまで、実に多様な限定ロゴが使用されている。それらを本当に楽しむには見た目だけでなく、デザインの背景まで知る必要があり、上級者向けのカテゴリーなのは間違いないだろう。それでもデザインの意味を自身で調べた59FIFTYには他には無い思い入れが生まれ、特別なお気に入りとなるハズだ。

MiLBモデルのNEW ERAは、バックパネルにリーグのアイコンとなるバッターマンが描かれている。このバッターマンはMLBとはデザインが異なるので、チームが所属するリーグの目安となるのだ。一般的にバックパネルにデザインされるリーグロゴはP.024でも触れているので、そちらも確認して欲しい。

## 北米ではMiLBモデルのNEW ERAが数多くリリースされている

国内でMiLBモデルNEW ERAを見かける機会はまだまだ少ないものの、北米のキャップショップでは、店頭にMiLBモデルが豊富に並べられているケースも珍しくない。しかもチームのオリジナルカラーだけでなく、ショップが別注したカスタムキャップの存在も知られている。コレクターズアイテムのカテゴリーとしても、魅力的なポテンシャルを秘めたプロダクト群なのだ。

# PERSONAL IMPORT／個人輸入

## 国内未発売モデルをコスパ重視で手に入れる ヨーロッパのキャップショップを利用してみた

国内の店頭に並ぶ59FIFTYのバリエーションは、数年前とは比較にならない程に多く、SNS上でも“NEW ERA JAPANの本気”と歓迎されている。それでも海外のラインナップ数には遠く及ばず、海外のショップから個人輸入（通販）した経験、もしくは検討中のファンも少なくないハズだ。ここ最近の為替レートは個人輸入には不利な状況が続き、送料や関税も考えなくてはならない。国内のセレクトショップが販売する並行輸入品の方が安上がりと言うケースも少なくないが、それでも国内未発売モデルはコレクターにとって魅力的な存在なのだ。そうした個人輸入を行う際も、タイミングを見極めれば買い得となるケースも少なくない。海外では頻繁にSALEが開催され、時には3点の59FIFTYを購入すると4点目が無料になるキャンペーンを実施するショップもあり、一定の金額を超えると海外発送でも送料無料になるから見逃せない。ここでは筆者が前記したキャンペーンを利用して、実際に支払ったリアルな金額を紹介する。

今回利用したのは中央ヨーロッパのオーストリアに本拠地を置く“TOPPERZSTORE”だ。NEW ERAの本場である北米のショップでは無いため、コアなコレクターは敬遠する事もあるようだが、オリジナルデザインの別注59FIFTYの展開も多く、マイナーリーグのキャップもそれなりに充実している。国内未発売モデルを“コストパフォーマンス”重視で選ぶ時には頼りになる存在だ。また価格もUSドル表示なので、北米のショップと同じ感覚で買い物が楽しめるのもありがたい。筆者が選んだのは約45ドルから49ドルまでの59FIFTYが4点で、この時点でトータル金額が150ドルを超えたので送料が無料になる。さらに4点目が無料キャンペーンで約45ドルがディスカウントされ、トータルの支払額が138.70ドルとなり、デビットカードで引き落とされた金額は2万792円だった。到着時に関税と消費税として1600円を支払ったので、最終的な支払額は2万2392円。単純に4で割った1点あたりの価格は約5600円に収まったのだ。

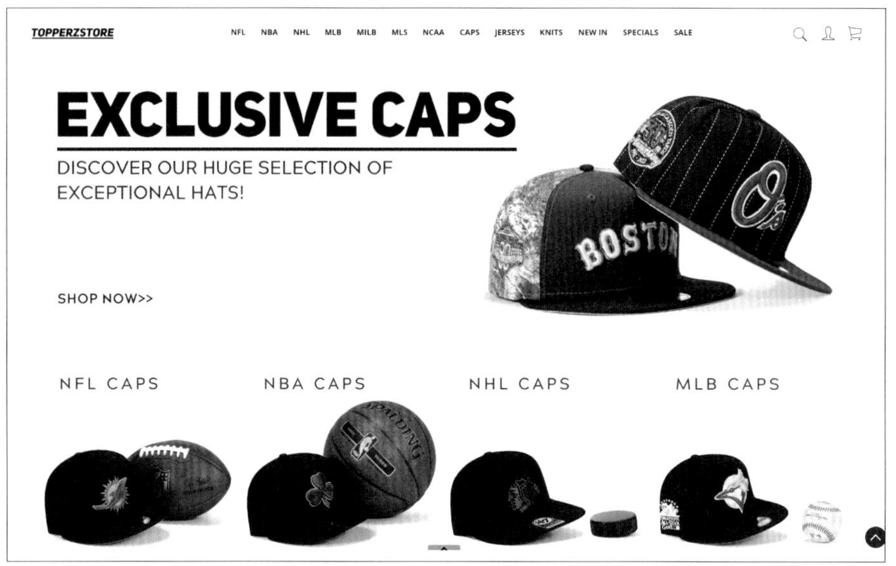


今回の買い物ではオーダーから到着するまでに6日かかり、国内正規品と比べてもキャップのクオリティも問題無い。“HAT CLUB”や“Lids”のような、北米のキャップ専門店別注モデルをピンポイントで狙う層には向かないものの、手軽に国内未発売の59FIFTYを購入する際には“TOPPERZSTORE”の公式サイトをチェックしても損は無いだろう。

TOPPERZSTORE.COM

## TOPPERZSTOREでの購入品を独断と偏見でレビューしてみた

今回TOPPERZSTOREで購入した59FIFTYのうち、国内未発売モデルはいずれもMiLBモデルの3種類。ここではリアルNEW ERAコレクター目線で、個人輸入した59FIFTYをレビューしてみよう。

**NEW ERA 59FIFTY Dayton Dragons**
**個人的満足度：★★★★☆**

オハイオ州のデイトンに本拠地を置くMiLBチームのカスタムキャップ。フロントの"D"ロゴにはドラゴンの尻尾がデザインされている。デイトン・ドラゴンズの59FIFTYでサイドパッチが入るモデルは珍しく、ひと目で購入を決定。バイザーのカラーが異なる2トーンモデルであれば満足度も満点だった。

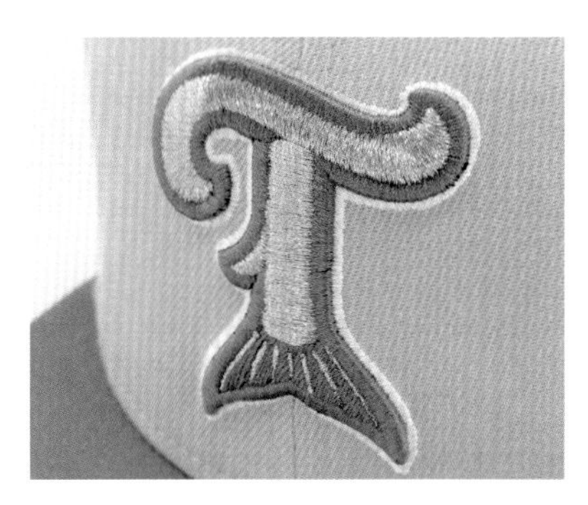

**NEW ERA 59FIFTY Tampa Tarpons**
**個人的満足度：★★★★★**

ヤンキース傘下のタンパ・ターポンズは、フロリダに本拠地を置くMiLBチーム。フロントロゴの"T"の下に生えるのはヒゲではなく、魚（ターポン）の尾びれだ。カーキ色のクラウンに映えるブルーとゴールドの指し色も絶妙で、カスタムキャップらしくサイドパッチもデザインされているのも完璧だ。

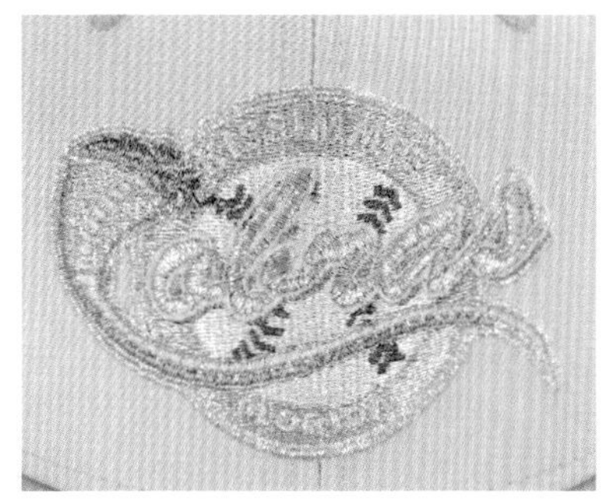

**NEW ERA 59FIFTY Kissimmee Cobras**
**個人的満足度：★★☆☆☆**

ヒューストン・アストロズ傘下のキシミー・コブラズも、フロリダ州に本拠地を置くMiLBチームだ。他の2モデルとは異なりサイドパッチが入らないものの、画像で確認した際に中間色のフロントロゴが気に入り購入。ただ実物のロゴにはラメ感が強い刺繍糸が使われ、ロゴのディテールが分かりにくいのが残念だった。

# COOPERSTOWN／クーパーズタウン

## MLBファンの聖地とも言える博物館では魅力的な限定モデルが発売されていた

一般的なNEW ERAのライナーにはブランドロゴやサイズ表記に加え、“このプロダクトがどのようなテーマでデザインされているか”を示すタグが縫い付けられている。例えばMLBチームのNEW ERAで度々見かける“Cooperstown Collection（クーパーズタウンコレクション）”と記されたタグは、過去に使用されていたチームロゴをデザインに取り入れたモデルである事を意味している。そのコレクションネームの由来は公式では言及されていないものの、熱心なMLBファンであればご存知の通り、ニューヨーク州オチゴ郡の“クーパーズタウン（Cooperstown）”が由来で、その街にあるアメリカ野球殿堂博物館（National Baseball Hall of Fame and Museum）に敬意を示すコレクションネームなのだ。通称で“HOF”とも呼ばれるこの博物館は、野球の歴史を研究し、資料の収集と展示を目的とする施設で、NEW ERAの“Cooperstown Collection”で用いられる過去のMLBロゴや既に消滅してしまったチームのロゴも収蔵されている。

クーパーズタウンの“HOF”はMLBファンにとって聖地とも言える博物館だけに、そのミュージアムショップにも期待を裏切らないNEW ERAがラインナップし、公式オンラインストアのラインナップも充実している。ここで紹介するのもHOFのオンラインストアから個人輸入した、“Heritage Series Authentic”と名付けられたアイテムだ。参考までに47.99ドルの商品を2点購入したところ、2023年5月のレート換算で送料込みの支払額は1万8263円。1個あたりで約9000円だった。そのベースはRC59FIFTYと呼ばれる、59FIFTYの芯材を廃して柔らかく仕立て、低めのクラウンでレトロスタイルを演出したバリエーション。RC59FIFTYは国内でも展開されているものの、59FIFTY全体から見れば少数派だろう。今回手に入れた“Heritage Series Authentic”は別注モデルとは明記されていないものの、他のショップで見かける機会は殆どと言って良いほど無く、実質的なHOF専売モデルと理解しても間違いは無さそうだ。

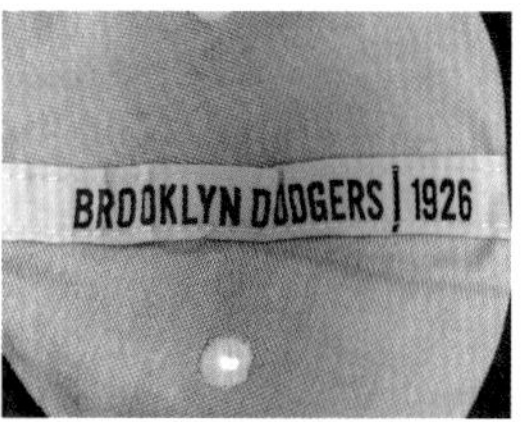

**NEW ERA RC59FIFTY**
**Heritage Series Authentic**
**BROOKLYN DODGERS 1926**

HOFのミュージアムショップで購入可能なレトロスタイルのRC59FIFTYには、クラウン内側のインナーテープに“BROOKLYN DODGERS 1926”とプリントされるなど、一般的なRC59FIFTYでは見られない演出が盛り込まれている。

## RC59FIFTY
## HERITAGE SERIES AUTHENTIC

ざっくりとした手触りのRC59FIFTY “HERITAGE SERIES AUTHENTIC”には、ウールとポリエステルの混紡生地が使われている。その生地は一般的な59FIFTYに使用されるウールよりも柔らかく、絶妙かつレトロな風合いを醸し出しているのが興味深い。

# VINTAGE 59FIFTY／ヴィンテージ系59FIFTY

## NEW ERAコレクションのディープゾーン 59FIFTYのヴィンテージモデルを知る

NEW ERAに限らず、コレクターズアイテムには“ヴィンテージ”と呼ばれるカテゴリーがあり、その世界観を広げている。そのニュアンスには大きく分けて2通りで、例えばスニーカーで言うヴィンテージには“発売から時間を重ねた価値のあるもの”と言うニュアンスを含み、ワインの世界ではシンプルに“生産された年”を示すキーワードとして使われている。海外のコアなファンコミュニティでは、NEW ERAのヴィンテージモデルもスニーカーと同じく骨董品的な希少価値を見出す空気が支配的だ。そもそもヴィンテージ系NEW ERAはマニア層のみが反応するジャンルだったが、近年ではデッドストック品だけでなく、古着として販売されているNEW ERAも数を減らしつつある。その中には単なる古着として消費されるには余りにも勿体ない、歴史的価値を持つ個体も含まれているだろう。どの年代からヴィンテージと呼ぶかについても定義されていない段階だが、そろそろ次のコレクションジャンルとして注目すべきでは無いだろうか。

ヴィンテージのNEW ERAをコレクションするのであれば、そのターゲットは自ずと59FIFTYに限られるだろう。その根拠は単純で、過去にリリースされたNEW ERAのベースボールキャップは想像以上にバリエーションが多く、ヴィンテージNEW ERAカルチャーの先進国である北米でも、59FIFTYの情報をアーカイブするのがやっとなのだ。

NEW ERAの歴史を遡るには、参考に値する情報が必要になる。1954年に誕生した59FIFTYは、キャップのライニングに縫い付けられたブランドタグのデザインを何度も変更しており、そのデザインから生産された年代をある程度特定する事が可能なのだ。参考までに、国内では2000年以前に生産された59FIFTYの流通数が極端に少なくなっている。古着屋やリユースショップの店頭に並ぶ2000年以前の旧タグ仕様の59FIFTYは本当の意味での掘り出し物で、価値を理解するコレクターの手元に渡るのが望ましい。その参考資料として、代表的な59FIFTYのブランドタグを紹介しよう。

古着マーケット等で見かける“ヴィンテージっぽい”59FIFTYには、汚れただけの新しい世代と言う個体も多く、コレクターを一喜一憂させているのが現状だ。ネットオークションやフリマアプリに至っては、“ヴィンテージ”と言うキーワードを軽く扱っている出品者も少なくない。よりディープなコレクションジャンルに足を踏むならば、ブランドタグデザインを確認する習慣を身に付けよう。

## NEW ERA 59FIFTY TAG ARCHIVES

ここでは筆者が所有するNEW ERAから、異なる世代のタグデザインを紹介する。全ての時代を網羅している訳では無いが、何かの参考になれば幸いだ。またこの頁を製作するにあたり情報を付け合わせたのは海外のファンコミュニティのアーカイブであり、オフィシャルの情報ではなく、掲載情報の精度を保証するものでは無い事も予めご了承頂きたい。

**1960年～1984年**
**筆記体ブランドロゴ+赤文字PRO MODEL表記**

恐らく国内で入手可能な、最も旧い世代の59FIFTYに使用されるブランドタグ。24年と言う長い期間で使用されたデザインで、このタグのみが縫い付けられる前期型（1960年～1981年）と、MLBのバッターマンをデザインしたライセンスタグが共に縫い付けられる後期型（1982年～1984年）に分けてカテゴライズされるケースもあるようだ。

**1988年～1993年**
**キャップデザイン+筆記体ブランドロゴ**

NEW ERAに詳しいコレクターが“ヴィンテージ”と聞いて真っ先に思い出すのは、キャップのシルエットにNEW ERAの文字を落とし込んだ、このブランドタグかもしれない。海外のファンサイトでは“SINCE 1920”の文字色で更に細かく分類しているものの、その根拠となる情報に乏しく、ここではフォントのカラーを考えず、大きな括りの年代でカテゴライズしている。

**1993年～1996年**
**the 59FIFTY**

キャップシルエットと筆記体ロゴに加えて“the 59FIFTY”のプロダクトネームをモノトーンでデザインした、比較的情報量が多いブランドタグ。この世代のブランドタグには、PRO MODELのフォントが微妙に異なるバリエーションの存在も確認されている。

**1996年～2000年**
**フラッグロゴ**

クラウンのサイドパネルでもお馴染みの“フラッグロゴ”デザインのブランドタグは、2000年までに生産されたプロダクトに使用されていた。このタグもフラッグロゴの発色の違いで前期型の後期型に分類される。画像のフラッグロゴは明るいブルーなので、前期型の可能性が高そうだ。

**2000年～2001年**
**青赤ボックス前期**

フラッグロゴと生産国表記を、異なるカラーのボックスで囲ったブランドタグ。僅か1年のみ使用されたとされるレアタグだ。画像ではベースカラーにブラックを採用しているが、これはライニングと連動するディテールで、ホワイトのライニングを使用するモデルでは、タグのベースもホワイトで仕立てている。

**2002年～2005年**
**青赤ボックス後期**

レッドのボックスから生産国表記が消滅したブランドタグ。米国以外の生産拠点が稼働した事でタグのデザインを変更したと考えられる。画像の59FIFTYもMADE IN USAでは無く中国製だった。

**2002年～2008年**
**ブルーボックス**

反転カラーのブルーボックスに、フラッグロゴとNEW ERAロゴを落とし込んだバリエーション。このタグを古着屋やリユースショップで見かける機会が多い背景には、当時のNEW ERA人気の影響があるのだろう。

**2006年～2011年**
**旧モノトーンボックス**

現行のブランドタグのように見えるが、ベースカラーが反転カラーの旧タグだ。画像のタグは上下に押しつぶしたようなフラッグロゴがデザインされているので、2008年までに生産された前期型だと思われる。

**2012年～現在**
**モノトーンボックス**

2012年以降の59FIFTYに使用される、現行デザインのブランドタグ。少なくとも2016年と2018年にマイナーチェンジが施されているが、その違いは微妙であり、ひと目で判別可能なファンは少ないだろう。

# BASEBALL SHIRT／ベースボールシャツ

## 2023年のNEW ERAスタイルを楽しむなら 1着は押さえておきたいマストアイテム

NEW ERAはコーディネートを選ばないベースボールキャップで、本場のニューヨーカーはスーツにもヤンキースの59FIFTYを合わせると言うのは良く知られたエピソードだ。とは言えキャップがファッションアイテムである以上ある程度のトレンドがあり、2023年のストリートシーンで"マストアイテム"と言えそうなのがベースボールシャツだ。アスリートのユニフォームと、そのレプリカモデルをルーツに持つベースボールシャツは、お馴染みのMLBモデルだけでなく、様々なブランドが積極的にリリースしている。特にNew York Yankeesのベースボールシャツは流行の域を超えた王道アイテムで、そこにはヤンキースモデルの59FIFTYが良く似合う。2023年にはNEW ERAのアパレルライン"BLACK LABEL"ラインからも無地のベースボールキャップがリリースされているので、特定のチームの組み合わせでは無く、様々なチームのベースボールキャップにコーディネート可能なアイテムを探している人にはオススメだ。

ベースボールシャツは古着ファンにとっても馴染み深いアイテムだ。海外から仕入れたベースボールシャツの中には、国内ではあまり知られていないマイナーリーグやNCAAチームのモデルも混在しているので、そうした"自分だけの逸品"をコーディネートに取り入れるのも醍醐味だろう。但し掘り出し物系の古着では、ベースボールシャツと同チームのNEW ERAが手に入りにくいのが悩みの種。例えばペンシルベニア州立大学ニッタニーライオンズはNCAAの強豪で、アメリカンスポーツファンにはお馴染みのチームであるものの、そのNEW ERAは国内では殆ど流通していない。だからと言って、似たカラーのヤンキースやドジャースと言った既存のチームをセットするのも違う気がする。そうした時に活躍してくれるのが、スポーツチーム以外のNEW ERAだ。特にブランド系のコラボモデルはアメリカンスポーツのチームカラーをサンプリングしたモデルが少なくなく、合わせるチームを選ばないジョーカー的な存在なのである。

**STARTER**
**Penn State Nittany Lions**
**BASEBALL SHIRT**

神奈川県内の古着倉庫で購入した、ペンシルベニア州立大学ニッタニーライオンズのベースボールシャツ。国内では知名度がそれほど高く無い影響なのか、コンディションも決して悪くないにも関わらず、税込2750円で手に入れる事が出来た。シンプルながらアメリカンスポーツらしさがあり、絶賛ヘビロテ中の1着だ。

## BASEBALL SHIRT & NEW ERA COLLECTION

MLBチームのベースボールシャツには同チームのNEW ERAを合わせるのがお約束なのに対し、それ以外のベースボールシャツはセットするキャップのセンスが求められる。安心の“王道スタイル”と“自分らしさ”を主張するセットを、その日の気分で使い分けるのも、2023年のストリートシーンならではの楽しみ方だ。

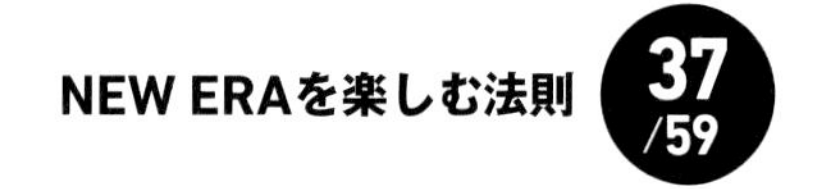


# FAIR PRICE／適正価格

## プライスタグから読み取るべき本当の価値観とは

国内のショップで発売されるNEW ERAを比較すると、その定価設定に差がある事に気付くだろう。こうした状況に対しSNS上では“不当な利益”とでも言いたげなコメントも目にするが、その指摘が的外れであるケースも少なくない。購入する側が店頭のプライスタグを比較し、評価するのは当然の権利であるものの、ファンコミュニティで「それは間違っている」と指摘されないためにも、価格差の理由は知っておくべきだろう。但しモデルごとの価格差やヴィンテージ、さらにUSED品の値付けまで含めると話が複雑になってしまうので、ここではリセール品を除く“1年以内に発売された新品の59FIFTY”に限定して話を進めさせて頂く。大前提として店頭で販売される59FIFTYは、国内正規品と並行輸入品の2種類に分けられる。これは本物と偽物を意味するのでは無く、仕入れルートの違いだ。正規品はNEW ERA JAPANから仕入れた商品で、一部のコラボモデルを除き、6000円台から8000円台で販売されるのが一般的だろう。

NEW ERA JAPANから仕入れる正規品に対し、バイヤーが海外のショップ（NEW ERAの場合は主に北米）で買い付けるのが並行輸入品だ。59FIFTYであれば、並行輸入品の相場は9000円台から1万6000円台辺りだろうか。並行輸入品はショップで購入する代金に加え、バイヤーの交通費と滞在費、さらに送料や店の利益を上乗せしなければビジネスとして成立しない。現地在住のバイヤーと契約する等、コストを圧縮する方法も考えられるが、それでも1万円以下で販売される59FIFTYの並行輸入品は、国内正規品よりも利益率が低いケースもあるだろう。手間の割りに利益が少ないとは言え、NEW ERA JAPANと契約していない店舗は並行輸入品を販売するしか無いのも事実。正規品を扱うショップでも他店舗との差別化を目的に、デザイン性に優れた国内未発売モデルを店頭に並べる意味は大いにあるだろう。現代のNEW ERAシーンを楽しむには、正規品と並行輸入品の双方と上手く付き合うのが正解だ。

ショップに並ぶ並行輸入品のもうひとつの魅力は、店頭に並ぶアイテムがNEW ERAシーンに詳しいバイヤーのセレクト品である事実だろう。実力のあるセレクトショップに並ぶ並行輸入品は、大抵の場合で“どれを選んでも間違いのないアイテム”揃いなのだ。

撮影協力：HOME GAME TOKYO

## NEW EWRAコレクションを 充実させるために必要なこと

正規販売モデルのバリエーションが増えているとは言え、国内未発売となるカスタムキャップのラインナップ数には遠く及ばない。コレクションを充実させる際には、必ず国内未発売のカスタムキャップが欲しくなる時が来る。国内未発売モデルを手に入れるには、個人輸入を行うか個人輸入を行うしか無い。海外のキャンペーンを活用すると、P.079で紹介したような美味しい買い物が楽しめるものの、個人輸入よりもショップに並ぶ並行輸入品の方が安かったと言う事例が少なくないのも事実なのだ。手に入れるべきアイテムを吟味しながら正規販売モデルと並行輸入品を使い分けるスタンスが、現代的なNEW ERA ライフには相応しい。

# CAP SHOP／キャップショップ

## かつてストリートカルチャーの中心だった渋谷・原宿エリアが新たなNEW ERAカルチャーを育んでいく

1990年代後半から2000年代前半にかけて独自のストリートカルチャーを育んだ渋谷・原宿エリア。NEW ERAファンの中にも、当時の熱狂を体感した世代も居るだろう。中でも"裏原宿"と呼ばれたエリアは海外から影響を受けたストリートスタイルだけでなく、独創的かつ実験的な提案が繰り返されるホットスポットで、コラボ系のNEW ERAもリリースされていた（P.062を参照）。その熱狂もいつしか落ち着きを見せ、裏原宿は観光客の街へと様変わりしたものの、昨今のNEW ERAブームが、渋谷・原宿エリアに新たな風を吹き込んでいる。例えば渋谷の宇田川町にはカスタムキャップファンであれば誰もが知る「GROW AROUND渋谷本店」に加え、豊富な在庫数を誇るキャップ専門店「THE CAP」が、2023年にフラッグシップショップをオープンさせた。そこから明治通り沿いに移動すると、定期的にNEW ERAのコラボモデルをリリースする、ファッショニスタのランドマーク「KITH TOKYO」が店舗を構えているの事はご存知の通り。

原宿ではSupremeを買い求める行列が風景の一部となり、ボックスロゴの59FIFTYが発売される度に争奪戦が繰り広げられている。さらにキャットストリートにはNEW ERA JAPAN直営店の第一号店"NEW ERA HARAJYUKU"があり、周囲には別注モデルの59FIFTYを展開するセレクトショップも少なくない。そうした中で国内だけでなく、海外のNEW ERAファンからも注目を集めているのが、裏原宿の"とんちゃん通り"にオープンした"HOME GAME TOKYO"だ。セレクトショップLafayetteの金子CEOが、米国のキャップ専門店の再現をテーマに立ち上げたキャップ専門店で、店内には米国で買い付けした並行輸入品だけでなく、HOME GAME限定の別注モデルがズラリと並んでいる。59FIFTYコレクターであれば、壁面のディスプレイを見るだけでもテンションが上がるのは間違いない。P.092にはHOME GAME TOKYOを立ち上げた、Lafayette金子CEOのインタビューを掲載しているので是非確認して欲しい。

2023年にグランドオープンしたHOME GAME TOKYOには、毎日のようにNEW ERAファンが足を運んでいる。2023年5月には"HOME GAME YOKOHAMA"もオープンするなど、その勢いは止まらない。

HOME GAME TOKYO
公式ウエブショップ

## HOME GAME TOKYOは
## キャップファンにとっての夢の国

HOME GAME TOKYOの店内は360度見渡す限り魅力的なベースボールキャップで溢れている。しかも毎週のように新作キャップやニューヨーク買い付け品が入荷しているので、リピート必至なのは言うまでもない。購入したキャップのバイザー曲げにも対応してくれる等、コアなカスタムキャップファンだけでなく、NEW ERA初心者にとっても頼れる存在と言えそうだ。

撮影協力：HOME GAME TOKYO

# ライター厳選！渋谷・原宿エリアでNEW ERAが買えるSHOPをピックアップ NEW ERAカルチャーの最前線を楽しみつくそう！

　ここでは自身も59FIFTYコレクターである本誌ライターが厳選した渋谷・原宿エリアのオススメNEW ERA取り扱いショップを紹介。同エリアにおけるほんの一部に過ぎないので、次ページ掲載した地図にお気に入りショップを書き加え、自分だけの“買い回りMAP”情報をコンプリートしよう。

### 01 HOME GAME TOKYO

東京都渋谷区神宮前3-20-21

2023年にグランドオープンした、国内外のファンが注目するNEW ERAの新たな聖地。別注モデルから並行輸入品までを取り揃え、NEW ERAと相性の良いPINSも販売している。壁面を埋め尽くす圧倒的なカスタムキャップのバリエーションはファン必見。

### 02 MFC STORE HARAJUKU

東京都渋谷区神宮前3-23-6

全国に4店舗を展開するセレクトショップの原宿店。キャップ専門店では無いものの、59FIFTYやLP59FIFTYのインラインや別注モデルを精力的に展開している。タイミングが合えばMFC STOREオリジナルロゴのNEW ERAも購入可能だ。

### 03 THE NETWORK BUSINESS HARAJUKU

東京都渋谷区神宮前3-22-6

HYPEなスニーカーと相性の良い、トータルコーディネートを提案するコンセプトショップ。海外にもファンの多いプレミアムブランド“#FR2”の石川涼氏が手掛けたショップで、NEW ERAはサイドパッチが際立つ59FIFTYの並行輸入品が充実している。

### 04 NEW ERA HARAJUKU

東京都渋谷区神宮前3-20-9 2F

NEW ERA SHOPの国内第1号店。近隣エリアの新宿店と比べると面積は狭いものの、ポイントを押さえたアイテムが揃っている。何よりショップスタッフの知識が深く、NEW ERA選びに相談したい事があるファンにとっては本当に頼りになる存在だろう。

### 05 Lafayette TOKYO

東京都渋谷区神宮前4-25-1

NEW ERAを扱うセレクトショップとして歴史を持つLafayette（ラファイエット）の東京店。熱狂的なファンに支えられるLafayetteコラボだけでなく、インラインのNEW ERAも扱っている。運が良ければヴィンテージ品にも出会える、足を運ぶべき名店だ。

### 06 Supreme Harajuku

東京都渋谷区神宮前4-32-7 2F

言わずと知れたSupremeの原宿店。ボックスロゴの59FIFTYなど人気の高いNEW ERAの店頭購入を目指すのであれば、発売日の並びに参加するのが大前提。その並び場所も店舗とは別の場所になるので、必ず現地スタッフの指示に従おう。

### 07 MoMA Design Store 表参道

東京都渋谷区神宮前5-10-1 3F

米国以外では初となるMoMA（The Museum of Modern Art）のコンセプトショップ。運が良ければウール製のMoMAコラボ59FIFTY “New York Yankees”が、定価で購入可能なので見逃せない。ちなみに国内の定価は税込で9460円に設定されている。

### 08 KITH TOKYO

東京都渋谷区神宮前6-20-10

スニーカーファンにも人気が高いKITHコラボのNEW ERAも、直営店で購入するとさらに高い満足度が得られるもの。NEW ERAの人気サイズは発売後即完売するケースが多いものの、予告なくリストックされる事もあるので巡回ルートに加えるべきだ。

### 09 NEW ERA SHIBUYA

東京都渋谷区神宮前6-20-10 3F

KITH TOKYOも出店する“MIYASHITA PARK”の3Fに、2020年7月にオープンしたNEW ERA SHOP。他の買い物のついでに立ち寄る際にも絶好のロケーションだ。店内にはキャップだけでなくアパレル類も充実。見やすいレイアウトなのもありがたい。

### 10 GROW AROUND SHIBUYA

東京都渋谷区宇田川町4-9

コアなファンにはお馴染みの、渋谷エリアのNEW ERAカルチャーを牽引し続ける実力店。59FIFTYを中心に、充実したカスタムキャップのラインナップはもちろんのこと、ショップスタッフのコーディネートもスタイルサンプルとして参考になるハズだ。

### 11 THE CAP TOKYO

東京都渋谷区宇田川町36-1

2023年5月にグランドオープンしたばかりの、渋谷エリアにおける新たなランドマーク。熱心なファンをも圧倒する在庫数は必見だ。THE CAP別注のカスタムキャップも定期的にリリースされているので、公式SNSの最新情報は確実にチェックすべし。

## 2023年版 渋谷・原宿NEW ERA買い回りMAP

※掲載情報は2023年6月現在のものです。営業時間等の詳細は各ショップの公式サイトやSNSを御確認ください。

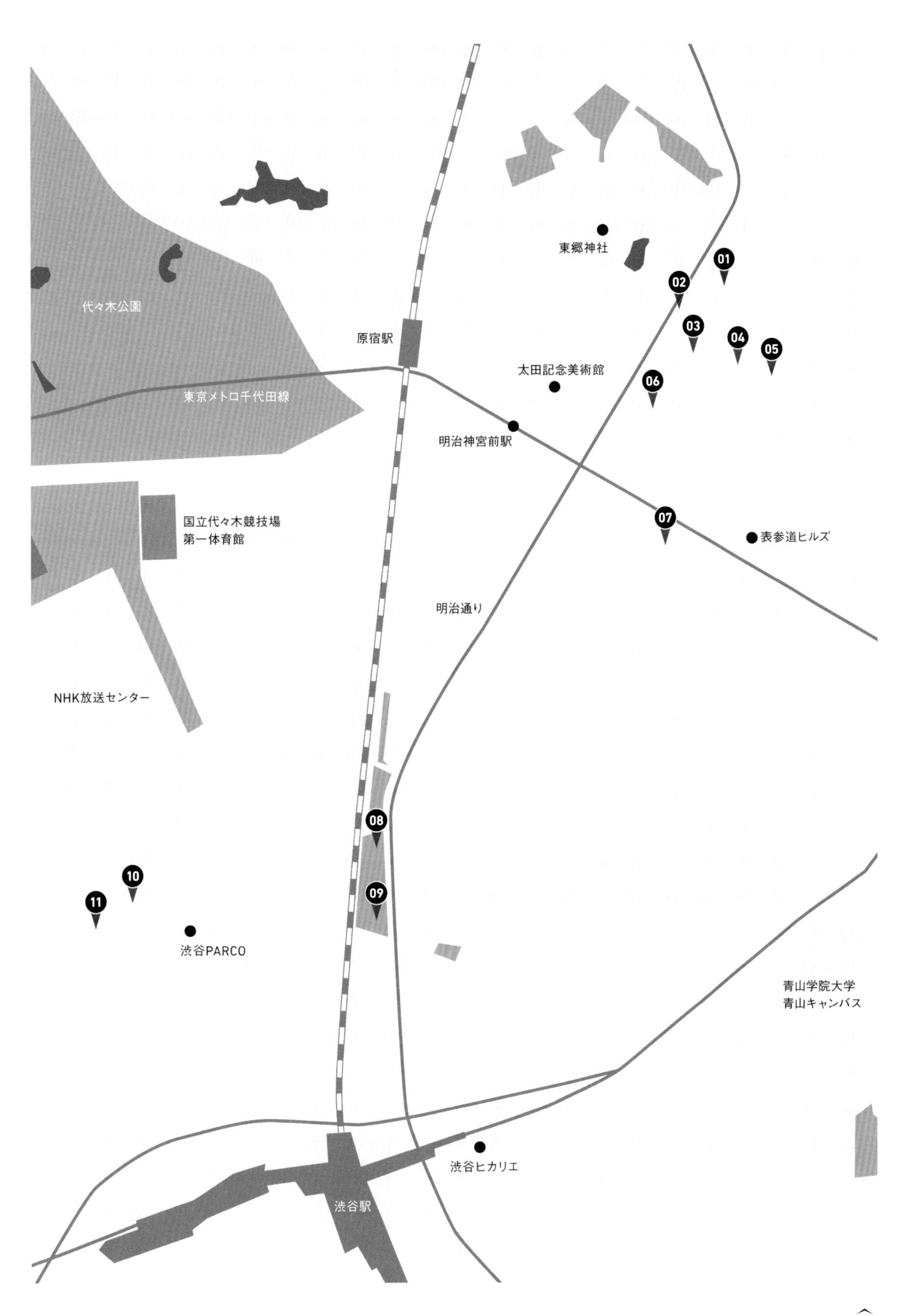

# Voice 業界の仕掛人

## 海外のキャップシーンを日本に伝える NEW ERAカルチャーの伝道師

海外だけでなく、日本のストリートカルチャーにとっても欠かせない存在であるNEW ERAのキャップ。その国内正規代理店となるNEW ERA JAPANが設立されたのは意外にも新しく、2004年の後半の事であった。ご存知の通り2004年より以前にもセレクトショップの店頭にはNEW ERAが並んでいたが、それらは全て現地買い付け等の並行輸入品だったのである。ここではキャップ専門店HOME GAMEを運営する、LafayetteのCEO 金子淳二郎さんに、日本独自の"NEW ERA近代史"について解説して頂いた。

撮影協力：Lafayette FUJISAWA/HOME GAME TOKYO

金子淳二郎（かねこ・じゅんじろう）
LafayetteのCEOであり、キャップ専門店HOME GAMEの仕掛人。バイヤーとしても現役で、頻繁にニューヨークに渡航している。ファッション系YouTubeチャンネルにも度々登場しているので、視聴者にはお馴染みの存在だろう。

Lafayette
公式通販サイト

NEW ERAに興味を持つようになった理由は、人それぞれだと思います。そして僕のNEW ERAとの出会いは18歳とか19歳くらいの頃、初めてニューヨークを旅した時の事でした。当時のニューヨークは今で言うY2Kファッションの真っただ中で、ローカルのカッコいい人達はNBAのジャージのようなスポーツアイテムを着こなし、そこにNEW ERAを合わせていたんです。もちろんニューヨークだから、皆がヤンキースのNEW ERAを被ってる。その光景に地元へのレペゼンを強く感じましたし、僕自身も影響を受けたんです。だから最初に購入したNEW ERAもヤンキースだったんですよ。そして僕がLafayetteを始めたのが24歳の時、2003年でした。店を始めて商品を買い付けるためにNYやLAに行くと、その時代でもやっぱり皆が地元チームのNEW ERAを被っている。そうした現地の空気をLafayetteで表現したいと思っていたから、当然のようにNEW ERAを買い付けていましたね。

セレクトショップとしてのLafayetteは2003年に藤沢でスタートして、その2年後にはLafayette横浜を出店しています。横浜店を立ち上げた時にはNEW ERAも主力商品のひとつでしたから、ほぼ毎月のペースでニューヨークに飛び、600個とか700個のNEW ERAを買い付けていました。日本でもニューヨークから強く影響を受けたヒップホップシーンが盛り上がっていた時代だったので、NEW ERAもそれ位の規模でニーズがあったんですよ。当時の横浜店では壁面にずらっとNEW ERAを並べて販売していたのですが、ある時に設立されたばかりだったNEW ERA JAPANの担当の方が来てくれて、話の流れでオフィスに行く事になって、その勢いのままJAPANの正規販売店として契約しました。多分ですけど、国内では最も初期に契約したショップのひとつだったと思います。

NEW ERA JAPANと契約した事で、国内の正規価格で商品が並べられるようになっただけでなく、カスタムキャップを独自にオーダー出来るようにもなったんです。なので早速Lafayetteのオリジナルロゴをデザインしたコラボキャップをオーダーして、そこから毎年LafayetteコラボのNEW ERAを出し続けています。それとニューヨークの人たちがヤンキースを被っていた空気感も再現したくて、2000年代には横浜ベイスターズ（現：横浜DeNAベイス

Lafayetteでは国内の正規代理店が設立される以前から、並行輸入品のNEW ERAを数多く取り揃えていた。その買い付けを通してニューヨークのキャップカルチャーに触れ、その経験がLafayetteのラインナップにフィードバックされるだけでなく、HOME GAMEの立ち上げへと繋がっていく。

# Voice 業界の仕掛人

ターズ）のカスタムを作りまくって、横浜の街をレペゼンしたんですよ。そのカスタム版ベイスターズの噂が広まると、地元のラッパーやレゲエの人たちが僕らのNEW ERAを被ってくれるようになって、ストリートシーンにも広がっていきました。ニューヨークの空気を伝えたいと思ってスタートしたLafayetteが、横浜ならではの空気を作り出した時代だったと思います。

そして2022年には原宿にキャップのコンセプトショップ「HOMEGAME TOKYO」を立ち上げ、マンハッタンのエセックス・ストリートでも「HOMEGAME NEW YORK」をスタート。2023年5月には「HOMEGAME YOKOHAMA」をオープンしました。国内の店舗では本場のニューヨークでも少なくなりつつある、壁一面にレアなキャップを並べた古き良きキャップ専門店の雰囲気を再現しています。海外では日本よりもレアなNEW ERAが入手困難なので、「HOMEGAME TOKYO」には日本人だけでなく、海外の有名なアーティストやDJも来店してくれています。2023年5月にはヒップホップカルチャーの本場とされるシカゴから、世界的に有名なカスタムキャップのプロデューサーを招いたポップアップも開催できました。オープンから1年にも満たない事を踏まえると、予想以上の盛り上がりです。

そして「HOMEGAME NEW YORK」でも現地のニーズに応えたカスタムキャップを販売するだけでなく、日本生まれのキャップカルチャーをニューヨークで提案したいとも考えています。現地の人たちにとってはキャップカルチャーの逆輸入ですね。既に「HOMEGAME TOKYO」が別注したNEW ERAを「HOMEGAME NEW YORK」で販売して、現地のファンを良い意味で驚かせていますよ（笑）。

売り手側の立場から見ても、最近のNEW ERA人気は過去にない規模になりそうな手応えを感じています。単純に数が売れているというだけでなく、よりストリートに馴染み、バラエティーに富んだ楽しみ方となり、新しいファンをどんどん増やしていると肌で感じています。新しいNEW ERAのファンは“最初はネイビーのヤンキース”と言うような、僕ら世代ではお約束の手順を踏まず、先入観を持たずに好みのコーディネートに合わせたヘッドウエアとしてカスタム59FIFTYを選びます。その結果、ストリートで多彩なカラーやデザインの59FIFTYを見かける魅力的なシーンを演出し、新たなファンを生み出し続けています。そのムーヴメントは僕にとっても新鮮で刺激を受けますし、HOME GAMEとしても、ニーズにはちゃんと応えなくちゃいけませんよね。

2023年はLafayetteの20周年ですし、何年か後に「2023年は日本のNEW ERAカルチャーのターニングポイントだったよね」と言われるような事をやりたいですね。今のムーヴメントを更に加速させながら、日本らしいスタイルやドメスティックブランドのキャップにも注目して、世界に向けて日本のキャップカルチャーを創造し、発信するのも僕らの役目だと思っています。そう遠くないタイミングで、同じようにキャップカルチャーと向き合う仲間とジョイントしてNEW ERAのイベントを開催したいですね。周りからは勢いが良すぎると言われてますけど、これからも走り続けますよ（笑）。

2022年のプレオープンを経て、2023年にグランドオープンを果たしたHOME GAME TOKYO。その壁面にはカスタムキャップをずらりと展示可能な、キャップ専用の什器を導入している。金子さんは、そうした発想もニューヨークのキャップ専門店からインスピレーションを得たと語っていた。

## NEW ERA×Lafayette

LafayetteではMLBモデルのカラーをオーダーしたカスタムキャップだけでなく、オリジナルロゴをデザインに落とし込んだ別注59FIFTYを継続的に展開している。中でもLafayetteのロゴに薔薇の花を組み合わせた“ROSE LOGO”は、多くのLafayetteファンにとって特別なアイコンデザインと言えるもの。その“ROSE LOGO”をフロントパネルに落とし込んだ59FIFTYは、Lafayetteの20周年に相応しい逸品なのである。

# RESALE MARKET／リセールマーケット

## リセール品からお宝NEW ERAを探し出せ！幅広い知識はコレクションを豊かにする

誰かの手に渡ったアイテムを再び市場に流通させる“リセールマーケット”には、転売目的のプレミア品からシンプルな不用品まで、様々なアイテムが流通している。そして不用品として放出されたと分かる価格が設定されたNEW ERAの中にも、コレクターにとっては“お宝”と言うべきモデルが隠れているのだから侮れない。コンディション面でも使用感が目立つUSED品も含まれているだろうが、NEW ERAのクリーニングに関する情報がシェアされている今、多少の汚れであれば問題なく再使用できる環境が整っている。コレクションを新品未使用に限定しているユーザー以外は、特に問題は無いだろう。知名度の高いコラボモデルは別として、リセール品にはデザインのルーツを知らなければ価値を理解しにくいモデルも存在する。それらの“知る人ぞ知る逸品”の多くが見逃されて、リセールマーケットは“美味しい狩り場”と化しているのだ。コレクションを充実させる為に、リセールマーケットを見直すタイミングなのかもしれない。

“お宝モデル”と言ってもコレクターの好みは人それぞれで、どのモデルが“買い”と言う方程式は存在しない。ただリセールマーケットでどのようなモデルに出会えるのかの実例には情報価値があると考え、ここでは筆者がフリマアプリにて1680円で購入した59FIFTYを紹介しよう。2000年代後期のNEW ERAカルチャーを知る世代であれば、フロントパネルの“W”ロゴとライニングに縫い付けられた黒人男性を描いたタグから、この59FIFTYのプロフィールを理解するだろう。これはカスタムNEW ERAの専門ブランドとして2005年に誕生した、『Winfield Authentic Caps』が手掛けた別注モデルだ。ファッション分野のカルチャーを牽引するのは東京エリアに集中するのが当然とされる中で、Winfieldは北海道の札幌市を拠点に活動を続け、2014年に展開を休止するまで全国のファッショニスタを刺激したのである。日本のNEW ERA史にとって特別なプロダクトが格安プライスで手に入るのは、リセールマーケットならではの醍醐味だ。

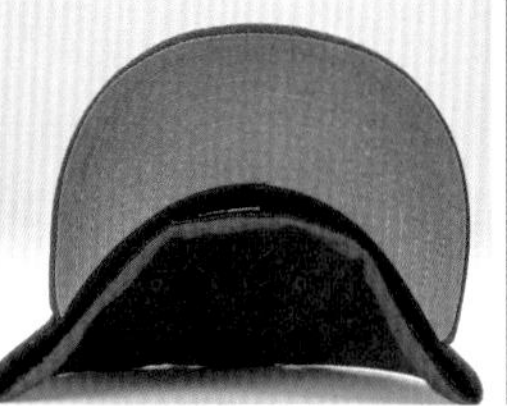

**NEW ERA 59FIFTY**
**Winfield Authentic Caps**

“Winfield”が展開したカスタムキャップには、“スタッガー・リー・ウィンフィールド”と呼ばれるキャラクターを描いたタグが縫い付けられている。キャラクターのモデルは80年代に活躍したメジャーリーガー“デイブ・ウィンフィールド”で、本人の了承を得ずにキャラクター化したと噂されているのだ。

## DISCOVER SUPER RARE 59FIFTY

カスタムキャップ専門店として誕生した“Winfield”だけに、ここで紹介したカラー以外にも多彩なバリエーションがリリースされている。日本のNEW ERAカルチャーにとって特別なアイテムなだけに、リユースショップの店頭で“W”のロゴを見かけたら、ライニングに黒人男性を描いたタグが無いか確認するのをオススメしたい。

# NOT FOR SALE／非売品

## 非売品のNEW ERAが流出？
## 知識があればレアモデルも手に入る

カスタムキャップやブランドコラボを収集したコレクションは王道であり、その楽しさをSNSでシェアする楽しさがあるカテゴリーと言えるだろう。その一方で我が道を行く的なディープゾーンを追求したマニア向けのカテゴリーにも、それなりのファンが存在する。例えば非売品のNEW ERAをターゲットにしたコレクションは、入手難易度が極端に高くなるカテゴリーだ。そもそもNEW ERAに非売品が存在する事実も知られていないだろうし、その入手方法を想像するのも難しい。ただ、現実のリセールマーケットには想像上の非売品モデルが流出している。特に出会う確率が最も高い非売品NEW ERAと言えそうなのが、別注モデルのサンプル品。P.053でレポートした通り、正規ルートで別注したNEW ERAは、デザインサンプルが製作される。そうしたサンプル品は資料として保管されたり、企画に関わった人の私物になるケースが殆どだが、私物用に支給されたサンプル品が稀にリセールマーケットに流出するのである。

サンプル品の次に目にする機会が多いのは、イベント等で関係者に配られた非売品だろう。スニーカーの“Friends & Family”に相当するアイテムで、生産の機会はサンプル品に比べると少ないものの、イベントの規模次第では、それなりの数が作られる。配布する数が増えれば「ベースボールキャップは被らないから」と、リセールマーケットに放出する人が出るのは当然の流れ。こうした流出品は非売品である事実を伏せて放出されるケースが多く、リセールマーケットでは一般商品と同じ扱いで販売されているケースが殆どだ。また2020年の正月には、NEW ERAのブランド誕生100周年を記念して、NEW ERA JAPANが年賀状仕様の非売品9FIFTYを関係者に向けて配布している。一般発売された“NEW ERA 100周年モデル”にも似たデザインが存在するが、非売品版のサイズシールは通常の9FIFTYとは異なるゴールド仕様で、そのデザインも年賀状をイメージした特別製。リセールマーケットで出会ったら即購入が推奨のレアモデルだ。

**NEW ERA 59FIFTY**
**Chicago Bulls**

クラウンにバスケットボールを模した素材を搭載した、個性派仕様のサンプル品。ライニングには市販バージョンには無い、サンプル品である事を記したタグが縫い付けられているのだ。

**NEW ERA 9FIFTY**
**HAKKODA GARAGE**

八甲田ガレージで開催されたライブイベントの会場で、関係者向けに配布された9FIFTY。ここで紹介したブルーの他、ブラックの9FIFTY“HAKKODA GARAGE”も製作されている。

**NEW ERA 9FIFTY**
**謹賀新年**

NEW ERAの100周年を記念した年賀状仕様の9FIFTY。バイザーに貼られたゴールドのステッカーには、しっかりと“令和二年元旦”と記されている。二度と使用される事の無いレアディテールだ。

## 非売品に出会えるか否かは運次第

非売品のNEW ERAを手に入れるコツと言えるものは無いものの、ある程度の経験を積んだファンが“見たことが無いNEW ERA”に出会った際には、サンプル品である可能性も否定できない。過去にはブランドが開催するサンプルセールの会場でNEW ERAのサンプル品が販売されたケースも確認しているものの、非売品NEW ERAの価値が認められつつある現在では、そうした機会は無いに等しいのだろう。

# 第3章 NEW ERA

## 快適にNEW ERAを楽しむためのアイデア集

LIFE

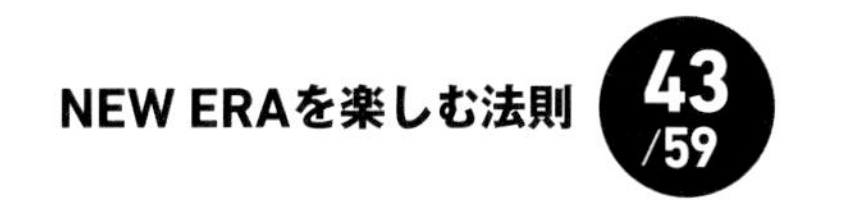

# COORDINATE／コーディネート

## キャップ以外のコラボモデルは使いやすさも魅力のひとつ

豊富なラインナップを展開するNEW ERAだけに、いつものコーディネートに合わせるヘッドウエア選びで困るシチュエーションはそれほど無いハズだ。逆にNEW ERAを主役にしたコーディネートをセットするならば、オフィシャルのアパレルやバッグを合わせるのも選択肢のひとつ。NEW ERAの直営店に足を運んだ経験がある人ならばご存知の通り、その店頭にはヘッドウエアだけでなく、アパレルやバッグ、アクセサリー類も充実している。国内で展開するNEW ERAのアパレル類は、現代的なストリートカジュアルを意識したセレクトが反映され、春から秋にかけて活躍するMLBチームロゴのTシャツは鉄板アイテムだし、“BLACK LABEL”ラインからリリースされた無地のベースボールシャツもトレンド感を演出可能な優れものだ。またNEW ERAが展開するバッグ類はデザインだけでなく、機能面も高く評価されるモデルが少なくない。NEW ERAをヘッドウエア“だけ”のブランドと割り切るのは、余りにも勿体ない話なのだ。

NEW ERAのアパレルやバッグを取り入れたコーディネートにコダワリ感を演出したいならば、コラボアイテムを狙ってみるのはどうだろう。NEW ERAのコラボと言えば59FIFTYや9FIFTYを連想しがちだが、アパレル類でも相応のラインナップが展開されている。ストリートカルチャーとの距離が近いブランドとのコラボであれば、シューレースブランドの“KIXSIX（キックスシックス）”とのジョイントアイテムが広く知られている。2023年3月にリリースされた“エクスプローラーウエストバッグ”は、コラボと言う付加価値だけでなく、撥水加工を施したリップストップ生地をはじめ、機能面でも注目された秀作だ。何よりブラックカラーのウエストバッグに合わないコーディネートを考える方が難しく、万能型のコラボバッグなのである。KIXSIXコラボの“エクスプローラーウエストバッグ”は既に完売しているものの、使いやすさが際立つコラボモデルや別注アイテムが色々とリリースされているので、発売情報をリサーチする事をお勧めしたい。

**KIXSIX×NEW ERA**
**LOGO REPEAT EXPLORER WAIST BAG 3L**

見た目はシンプルなブラックカラーのウエストバックなのだが、外側ポケットの内部に装着されたキーフックや小物が収納可能なサイドポケットなど、機能的なディテールが満載だ。この原稿を書いている2023年6月時点でKIXSIXコラボは完売しているものの、NEW ERA JAPANの公式ウエブストアにインライン（コラボでは無い）版が若干残っているようだ。

## いつものコーディネートに合わせられる NEW ERAのバッグは知る人ぞ知る名作

NEW ERAのブランドカラーがブラックなので、オフィシャルのバッグ類もブラックモデルが中心だ。そのシンプルなカラーブロックから、アウトドアブランドが展開するバッグ類と比べると大人しい印象を受けるかもしれないが、幅広いコーディネートに合わせられるユーティリティ性は抜群と言えるだろう。

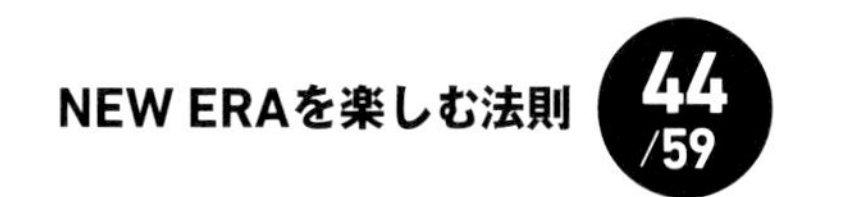


# MAINTENANCE／メンテナンス

## メンテナンスを始める前に知って欲しい NEW ERAクリーニングの裏話

59FIFTYや9FIFTYのライニングに縫い付けられる洗濯表示は、全ての手法がNGになっている。手洗いやドライクリーニングだけでなく、アイロンがけすらもNGなのだから徹底している。Tシャツやインナーウエアと同様に、ベースボールキャップは汗を吸収しがちなアイテムであるにも関わらずだ。実は旧世代の59FIFTYには、ドライクリーニングのみ可と表記したタグが縫い付けられていた。今回の記事を執筆するにあたり、オールNGに変更された理由を示す資料を探したのだが最後まで見つけられず、以降は筆者の憶測になる。

ドライクリーニングがOKだった時代のNEW ERAには、恐らく型崩れや色落ち、生地の収縮によるサイズ感の悪化など、様々なクレームが寄せられたのだろう。クレームに至った原因はケース毎に異なり、完全に対応するのも難しい。その状況を放置するのは訴訟社会と評される北米では余りにもリスキーで、全ての洗濯方法をNGとするしか無いと判断したならば納得できる部分もある。

本書ではこの後の項目にて、NEW ERAにとって“禁断の領域”とされて来たクリーニングについて段階的に紹介していく。キャップに縫い付けられたタグがNG表記になっている以上、紹介するクリーニング事例の実践は全て自己責任が前提になる。さらに言えば、書籍でNEW ERAのクリーニングに触れる事そのものがタブーと批評されても仕方がない。だだリアルなコレクターである筆者から見ても、NEW ERAをクリーニングする事で生じるメリットは余りに魅力的だ。本書で紹介する工程を順を追って確認すれば、お気に入りのNEW ERAを“汗臭くなったから”と捨てる事も無くなり、汚れたまま無理に被るリスクも回避できる。さらに“誰かが被ったキャップだから”と購入を我慢していた古着屋やリユースショップの中古品も、ストレスを感じず楽しめるようになるだろう。可能な限りコンディションのビフォーアフターも紹介するので、まずはNEW ERAカルチャーの最先端がテーマの読み物として、最後までお付き合いいただければ幸いだ。

**クリーニングが可能だと匂わせる追加タグ**

冷静に考えると全ての洗濯が出来ないアパレルアイテムと言うのもおかしな話だ。そうした空気を読み取っているのか、顧客なら“何故洗えないのか！”とクレームが入りそうなブランドコラボの中には「クリーニング専門店にご相談ください」と記された追加タグを縫い付けているケースも確認できる。とは言え筆者は大手クリーニング専門店でも“洗濯表示がNGだから”と言う理由で59FIFTYのクリーニングを門前払いされた経験があり、コラボパートナー側の要望で追加されたと思わしきタグ表記が、全てのクリーニング専門店に対する免罪符になるとは言い切れない。

## メンテナンスしても新品には戻らない

メンテナンスやクリーニングはあくまでも汚れや臭いを落とし、快適に使用出来るコンディションを整えるのが目的で、新品状態に戻すものではない。この前提をはき違えてしまうと、手間のワリに効果が得られないと心が折れてしまうだろう。お気に入りのNEW ERAと少しでも長く付き合うために。それが現代的なNEW ERAメンテナンスの考え方だ。

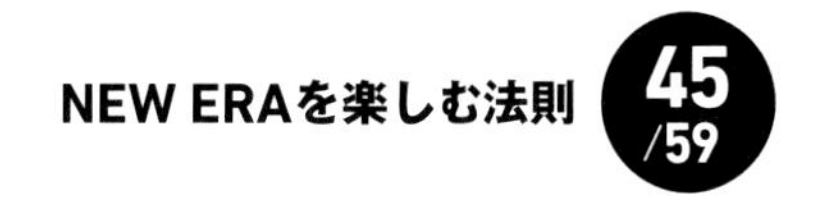


# DAILY MAINTENANCE／日々のメンテナンス

## 使用したNEW ERAを乾燥させる 帰宅後のメンテナンスをルーティン化

SNSにおけるファンコミュニティでは、NEW ERAクリーニングの情報も活発にシェアされている。とは言うものの、元々がクリーニングNGなアイテムなだけに、日々のメンテナンスで、なるべくコンディションを維持したいと考えるのも当然だろう。着用したNEW ERAにメンテナンスを施すタイミングは、何と言っても帰宅直後がオススメ。汗で湿ったままボックス等に収納すると悪臭の原因になりかねない。制菌と抗臭に働きかけるNEW ERAのキャップライナーを使用しても、その効果には限界があるので、先ずは乾燥が優先だ。筆者は自室の壁に乾燥用のフックを取り付け、着用したNEW ERAは最低2日は乾燥させているが、環境が許すならば玄関の壁にフックを取り付け、帰宅直後にNEW ERAを掛け、乾燥させるルーティンを確立したい。キャップに汚れがついている場合には、帰宅直後に拭き取るのも当然の流れ。最近は便利なキャップ用のウエスも発売されているが、日々のメンテナンス用としては少々贅沢品だ。

NEW ERAをしっかりと乾燥させた後は、型崩れの無いように収納すれば問題ないだろう。P.108では筆者オススメの収納BOXを紹介しているので、是非参考にして欲しい。また念には念を入れる派のコレクターであれば、汗が乾燥した後に乾燥に伴う生地の縮みが発生していないか確認すると安心だ。そうしたサイズ感の確認は“なんとなく”では無く、数値化するとメンテナンスの精度を高める事ができる。そこで活躍するのが、P.028やP.030で紹介したリングコンパスとハットストレッチャーの黄金コンビだ。リングコンパスでクラウンの内径を計測し、タグに記載されたサイズ表記との誤差があれば必要に応じて修正する。無理をせず被れる範囲のサイズ変化は誤差の類ではあるものの、マニアの心情的にはそこまでやって、初めてコンディションを維持している気分になるものだ。ここまでのおさらいの意味で、次頁では筆者のメンテナンスルーティンを紹介する。慣れればメンテナンス自体が楽しくなってくるのだ。

**NEW ERA CAP LINER**
**ファンデーションの汚れにも効果を発揮**

NEW ERAの公式アクセサリーとしてリリースされている“CAP LINER”は、汗汚れや臭い防止に効果を発揮するアイテムで、汚れた際には取り外して洗えるのもポイントだ。汗対策の機能面では限界があり、これだけで完璧とは言えないものの、読者の中にライニングのファンデーション汚れで悩んでいるNEW ERAユーザーが居るならばば、CAP LINERの仕様を強く勧めたい。

## 帰宅後のメンテナンスルーティンをおさらいしよう

**❶汚れの除去**

帰宅時にキャップの汚れを見つけたらその場で拭き取ってしまおう。汚れが目立つ明るいカラーを選んで外出する際にはハンディタイプのウエスも持ち歩くと安心だ。

**❷キャップの乾燥**

壁に取り付けたフック（100均ショップで購入）に被ったカップを掛けて、染み込んだ汗を乾燥させる。筆者の場合ではこのまま2〜3日を目安に放置している。

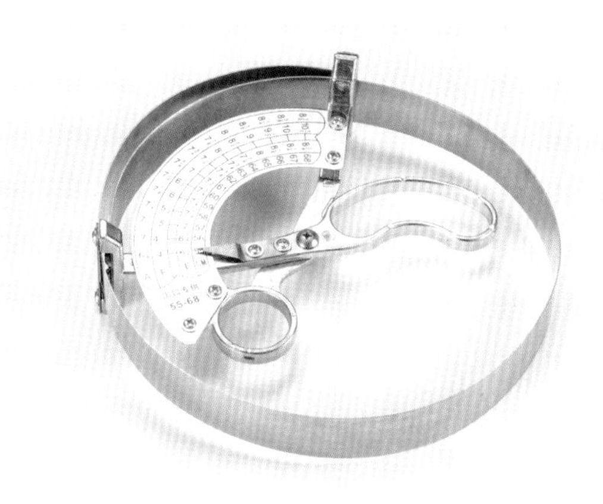

**❸リングコンパス**

乾燥に伴って生地が縮み、サイズが変わっていないかリングコンパスを使って確認する。店頭で見かける機会の無いアイテムだが、ネットショップで購入可能だ。

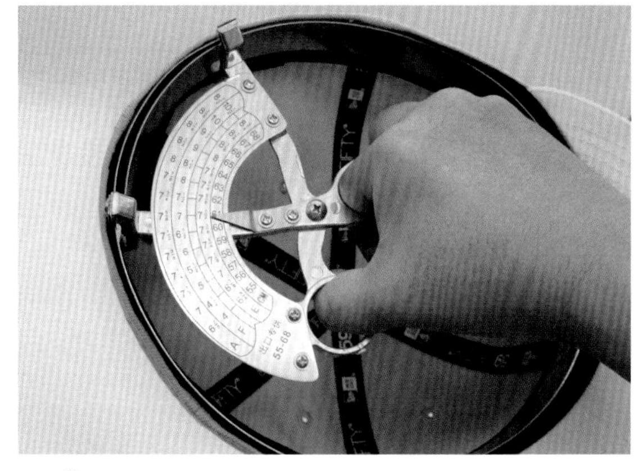

**❹サイズの計測**

ライニング部分の内径を計測し、サイズ表記との差が無いか確認。59FIFTYに良く使われているポリエステル生地は、比較的サイズが変わりにくい印象がある。

**❺ハットストレッチャー**

生地が縮んでサイズが小さくなっていたら、ハットストレッチャーで矯正する。筆者が色々と購入したケアグッズの中でも、特に効果を実感しているアイテムだ。

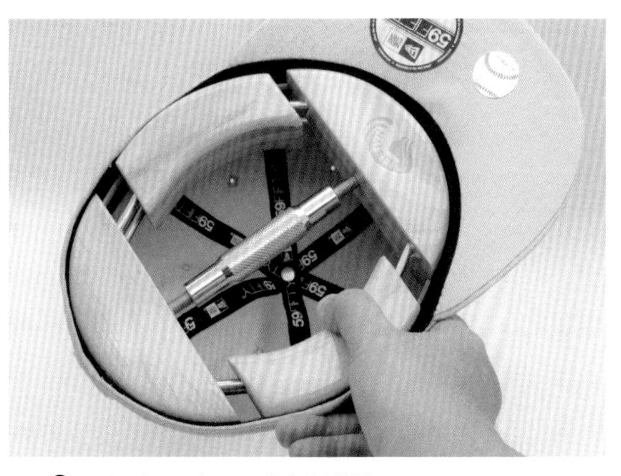

**❶ハットストレッチャー　サイズの矯正**

キャップのサイズが小さくなったらハットストレッチャーで矯正する。今回は装着しただけだが、実際に矯正を施した事例をP.030で紹介しているので併せて確認しよう。

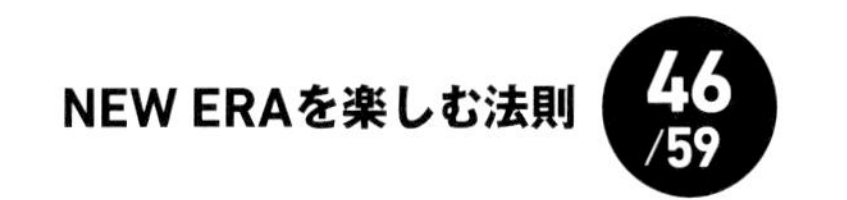


# STOCK／コレクションの保管法

## 500個以上の59FIFTYを所有する コレクターの収納方法を教えます

59FIFTYだけに限っても500個以上のNEW ERAをコレクションする筆者にとって、保管場所の確保は切実な問題だ。またInstagramのDMで寄せられる質問でも「どうやって保管していますか?」と言う内容を定期的に目にするので、それなりの数のNEW ERAファンが収納方法で頭を悩ませている状況が伺える。ストリートカルチャー分野のコレクターズアイテムであるスニーカーと比べればスペースを必要としないものの、数が増えれば効率的な収納方法が模索されるのも必然だ。実際にオンラインショップを検索すると“NEW ERA用”を謳った収納グッズがヒットするので、部屋の間取りや見た目のデザインで選ぶのも正解だろう。そして59FIFTYの収納性とコストパフォーマンス面から筆者が愛用しているのが、全国展開する100均ショップの大手“DAISO”が発売する、税込330円の「組み立てシューズボックス」だ。大切なコレクションを収納するにはお手軽過ぎる気もするが、メリットばかりが目立つ優れモノなのである。

筆者がDAISOの「組み立てシューズボックス」を選ぶポイントは主に3点。パネルパーツが半透明なので、中に収納しているモデルが（ある程度）見た目で分かる事。キャップを出し入れする扉パネルに穴があり、最低限の通気性が確保されている事。そしてシューズボックスを積み重ねた時の安定性だ。このアイテムにはタイト気味に詰め込めば1ボックスに10個の59FIFTYが収納できる。約2万円分（60個）のシューズボックスを用意すれば、600個の59FIFTYがスッキリと収納できる計算だ。更にDAISO版「組み立てシューズボックス」の完全上位互換と言うべき“TOWER BOX PLUS”ではパーツの透明度が格段に高く、サイド面のパネルも開くので使い勝手に優れている。TOWER BOX PLUSは一般的な6個セットで税込1万780円とDAISO版の5倍以上の出費を必要とするものの、それ自体がインテリアとして映えるのも大きな魅力。収納すべき個数と予算を踏まえ、導入を検討する価値は十分あるだろう。

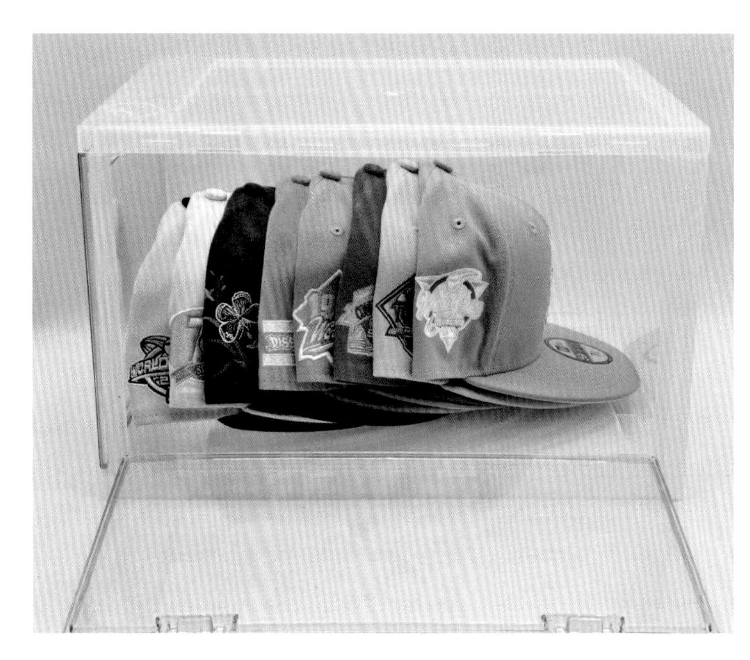

**TOWER BOX PLUS**

正面とサイドの計2枚のパネルが開閉可能な収納ボックス。元々はスニーカーコレクション用にデザインされたアイテムだが、NEW ERAの収納にも適しており、“PLUS”にアップデートされる前のTOWER BOXでは、NEW ERAとのコラボアイテムも発売されていた。サイズが7 8/5の59FIFTYであれば詰め込めば10個まで収納可能ではあるものの、見た目に美しいボックスでもあるので、8個を余裕を持った状態で収納するのが良さそうだ。

## 330円で発売されている"組み立てシューズボックス"の収納力を確認する

330円で10個の59FIFTYが収納可能と言えば聞こえも良いが、あまりのコスパの良さに"本当なの？"と疑問に感じたコレクターも居るだろう。"百聞は一見に如かず"では無いが、この頁では新たに購入した"組み立てシューズボックス"を用いて、その適能力を確認してみよう。

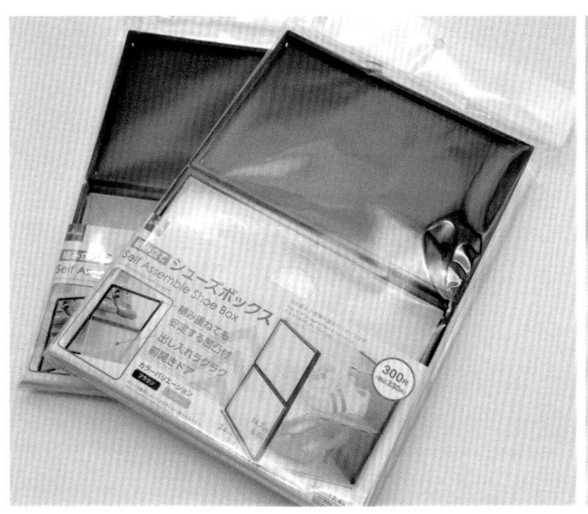


1つ330円で購入したDAISOの"組み立てシューズボックス"は、コレクションボックスのヒット作で一時は完売している店舗も見かけられた。現在では供給も安定しているようで、殆どのDAISOの店頭で購入可能だ。

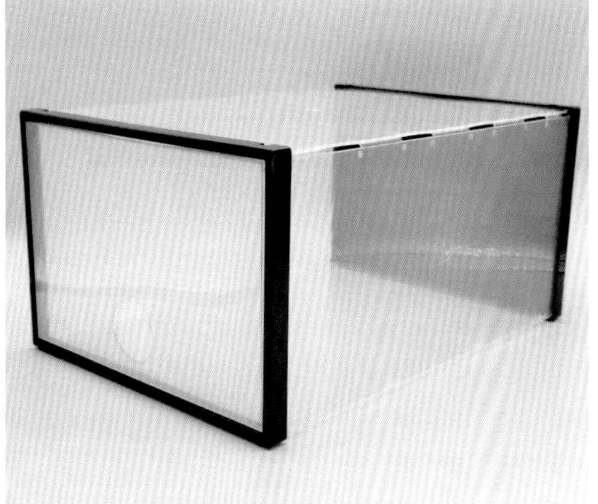

パーツを袋から取り出して組み立てた状態。構造的にサイド部のパネルは開閉しないので、コレクション品の出し入れは正面からとなる。シンプルな仕様ではあるものの、330円と言う価格を考えれば満足度は非常に高い。

組み立てたボックスに7 5/8サイズの59FIFTYを収納した状態。窮屈そうな状態ではあるものの、しっかりと10個の59FIFTYが収まっている。余裕のある状態で収納したいのであれば、8個に留めるのがオススメ。

TOWER BOX PLUS程の安定感は無いものの、DAISOの"組み立てシューズボックス"はコレクションを収納した状態で積み重ねられるのもポイントだ。660円の出費で20個もの59FIFTYを収納している事実は驚きに値する。

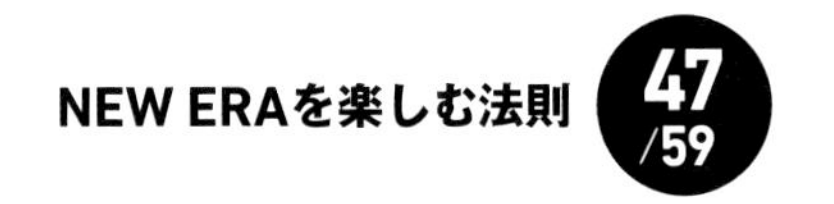


# SELF-CLEANING／自宅でNEW ERAを洗う

## 自宅の洗濯機を使って 59FIFTYを洗うとどうなるの？

59FIFTYや9FIFTYの洗濯表示はNGになっているけれど、ウエブで“ニューエラ”と“クリーニング”のキーワードを組み合わせて検索すると様々な情報がヒットする。そうした検索結果の中でも気になる情報のひとつが、自宅でNEW ERAが洗えるとPRするケアグッズの存在だろう。NEW ERA全体にカゴのようなパーツで保護するケアグッズには様々な形状の商品が存在。いずれの販売ページでもパーツを装着したまま洗濯機に投入して洗い、乾かすだけで型崩れの心配なくクリーニングが可能だと説明している。しかも家庭用ドライクリーニングと言った特殊な洗濯手法の必要もなく、通常の水洗いでOKなのだ。NEW ERAを洗う際のリスクは型崩れだけでは無いが、説明通りの性能を発揮してくれるならば、NEW ERAファンにとっての心強い味方になってくれるだろう。ここでは筆者がケアグッズを購入して、家庭用洗濯機で59FIFTYを水洗いした結果をレポートする。果たしてどのような状態に仕上がったのか乞うご期待だ。

ここでお断りしておくが今回のレポートは筆者が試した一例に過ぎず、全てのクリーニングで同じ結果が得られるとは限らない。カラーや素材で異なる結果となる事も考えられるので、試す際には自己責任でお願いする。話題を戻すが筆者は普段からNEW ERAをメンテナンスしているので、目立つ汚れのNEW ERAが見当たらず、このレポート用にネットオークションを利用して“UNDRCRWN（アンダークラウン）”の59FIFTYを手に入れた。落札金額は送料込みで約2500円で、家庭用洗濯機でキレイに仕上がってくれたなら、かなりのお買い得品となるだろう。キャップのスペックは2000年代後半に製造されたMADE IN USAモデルで、素材はアクリル70％とウール30％の混紡だった。フロントパネルのみが白い2トーン系クラウンなのは色移りが心配だが、仮に失敗してもレポートのネタとしては美味しくなる。相場が数万円のプレミアモデルなら躊躇もするが、この価格帯であれば気兼ねなくクリーニングに挑戦できる。

**PERFECT CURVE CAP WASHER CAP CAGE**

今回のレポート用に購入したのは、キャップの前半のみをカゴ状のパーツで保護するケアグッズ。いかにも北米のスーパーマーケットに並んでいそうな、パッケージデザインが購入の決め手だった。店舗によって異なるものの、送料別で1000円台から2000円台で販売されている。こうしたケアグッズにはバックパネルまで保護するタイプも存在するので、実際に試してみる際には好みと予算に応じて選んでほしい。

## 59FIFTY SELF-CLEANING REPORT

ここでは筆者が実際に59FIFTYを洗濯機で水洗いして、その仕上がりと気になった点をレポートする。特に心配なのは色移りと型崩れ、そして生地の縮みによるサイズ感の変化だ。特にサイズ感は感覚では無く、洗う前後の実寸を計測している。果たして"ニューエラも洗える"との謳い文句で発売されているケアグッズの実力は、どれくらいのレベルだろうか。

01 現在のリセールマーケットでは極端に汚れたNEW ERAが販売されるケースも少なくなり、購入した59FIFTY "UNDRCRWN" も、気にならなければそのまま使用できるコンディション。見違える程の汚れの落ちを表現するには不向きな個体ではあるものの、それでも古着特有の臭が漂っているし、デザイン的に色落ちの検証にも適した59FIFTYと言えそうだ。

02 乾燥後のサイズと比較するため、事前にリングコンパスでライニング部のサイズを計測する。製造からある程度の時間を経た59FIFTYであるものの、意外にも実寸サイズは60.6cmで、タグに表記されたサイズをキープしていた。実際に被ってみた感覚も他の7 5/8サイズモデルと変わりなく、コンディション面では相当な当たり個体なのかもしれない。

03 CAP WASHERの側面にあるロックを解除してフレームを開き、クラウンやバイザーをフレーム形状に合わせるようにしてセットする。その後フレームを閉じて、元通りにロックすれば準備は完了。カゴでキャップを覆うような見た目だ。個体差かもしれないが、CAP WASHERの場合はロック解除は少々きつく、無理にこじ開けてパーツが破損しないように注意したい。

04 CAP WASHERの装着が完了したら、そのまま洗濯機に投入してクリーニングを開始。ここで使用した洗剤もごく一般的に発売されている、家庭用の液体洗剤だ。この際に洗濯ネットに入れると傷が付きにくいとの補足もあったが、元がUSED品の59FIFTYであるのと、CAP WASHERフレームがキャップにダメージが入るのをある程度防いでくれると予想している。

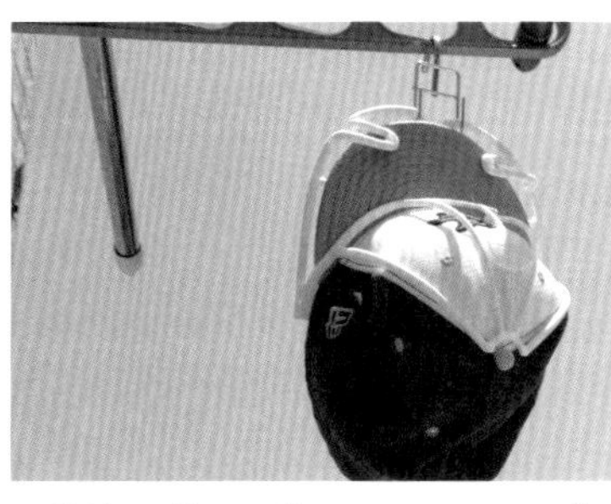

05 洗濯が終わった後は、CAP WASHERを装着したまま乾燥させてあげよう。100均ショップでも手に入るS字フックを使えば、物干し竿に掛けるのも簡単だ。ベースボールキャップの構造上バイザーを下向きに干した方が早く乾燥するが、今回の事例では色移りのリスクを少しでも減らすため、色の濃いバックパネルが下になるようバイザーを上に向けている。

06 キャップが完全に乾燥が完了したらCAP WASHERを取り外し全体を確認。心配していた色移りは、今回のケースでは発生しなかった。フロントパネルの汚れはほぼ完璧に落ち、古着独特の臭いも抜けている。さらにバイザー全体の汚れが落ちて発色が明るくなった恩恵で、サイズシール跡が目立たなくなっていたのは思わぬ収穫と言えるだろう。

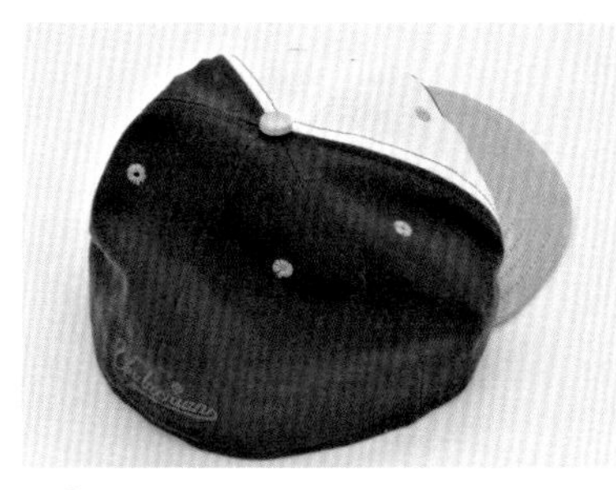

07 バックパネルの汚れもしっかり落ちているものの、この部分のフレーム構造を持たないCAP WASHERでは、クラウンの後半にシワが入るのは避けられない。もっともバックパネルのシワは被った際に分かりにくくなるので、気にならない人も多いハズだ。キャップクリーニングと"新品状態に戻す"事を混同しなければ、十分に許容できる仕上がりと言えそうだ。

08 今回洗った59FIFTYは、全体的に洗う前よりも生地が柔らかくなった印象を受ける。シルエットを保持する"洗濯のり"が落ちたような風合いと言えば伝わるだろうか。59FIFTYはフロントパネルの裏に芯があるので型崩れも少ないが、バックパネルはご覧のような状態だ。いかにも"古着のベースボールキャップです"と言う見た目であり、好き嫌いが分かれるかもしれない。

09 汚れたNEW ERAをキレイにするという面では大いに満足できたものの、洗い上がりの実寸サイズは60.6cmから59.8cmへと縮んでいた。被った直後に"きつい"と感じる程のサイズ差である。筆者はハットストレッチャーで矯正し、事なきを得ているものの、そうした対処法の知識が無ければ"クリーニングは失敗だった"とネガティブな感想を抱くかもしれない。

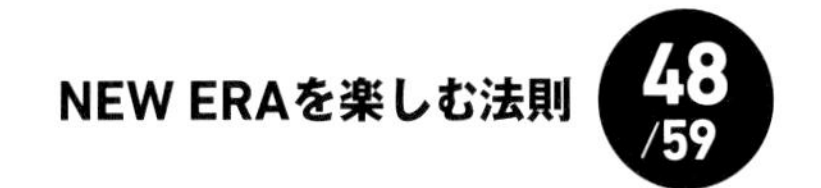


# PROFESSIONAL CLEANING SERVICE／クリーニング専門店

## 手に負えない汚れはプロを頼る
## 職人仕上げのBefore & After

“ニューエラ”と“クリーニング”の検索ワードでも上位にヒットする、NEW ERAメンテナンスのトレンドがクリーニング専門店だ。店舗によって得手不得手なジャンルがあり、設備も異なるので必ずNEW ERAに対応しているとは限らないが、対応可能な専門店ではスタッフがコンディションを確認し、相談に乗ってくれるハズだ。ここでは神奈川県藤沢市の“柳屋クリーニング店”を取材して、様々な汚れの“Before & After”を紹介する。

こうした専門店を利用する際には、どの汚れが気になっているかを正しく伝える事が肝心となる。クリーニング専門店の本業である“汚れ落とし”だけでなく、経験を積み重ねた職人であれば、日焼けした箇所の“色揚げ”や生地が縮んでタイトになった個体のサイズ調整、さらにキャップの撥水加工など、様々な悩みに真摯に対応してくれるだろう。現代の技術では対応できないダメージの場合は正直に伝えてくれるだろうし、内容次第で「ダメ元でやってみる?」と提案される可能性もあるだろう。

クリーニング専門店がNEW ERAに特化したサービスを提供するようになった歴史は浅く、その情報も業界で共有されても居ないだろう。帽子を洗う作業自体は珍しくないが、59FIFTYや9FIFTYが持つ独特のシルエットを再現した仕上げや、サイズシールの取り扱いの大切さは、知識が無ければ対応する事は難しい。製造されてから時間を重ねた“ヴィンテージ”系のNEW ERAが抱えるリスクも独特なもので、生地が収縮した際に隠れていた“虫食い穴”が露出したり、クリーニングに耐えられず、バイザーの芯材が崩れ落ちる可能性も否定できない。年代を重ねたヴィンテージ品は専門店側も“洗ってみなければ分からない”のが本音だそうで、依頼する際には状態が悪化するリスクを受け入れなくてはならない。思った通りの仕上がりでは無いからと“代金は支払わない”等と等とゴネる事は、趣味人として恥ずべき行為と覚えておこう。

「どうなっても良いから」との前提で筆者が柳屋クリーニング店に依頼したヴィンテージモデル（恐らく1970年代）は、職人の腕とキャップのコンディションが上手くリンクして、見事なBefore & Afterを演出してくれた。但しその工程では相当な苦労があったようで、担当した職人が「割に合わない」と何度も繰り返していたのが印象だった。P.114では柳屋クリーニング店のインタビュー記事を掲載しているので、店舗情報を併せて確認しよう。

## 職人が手掛けたNEW ERAクリーニングのBefore & After

画像提供：柳屋クリーニング店

**CASE 01：**
**バイザーの汗染み**

色の濃いバイザーに染みた汗が乾燥すると、ブリム（バイザーの裏）に白い跡が浮き出る事がある。気温が高い季節に起こりがちなトラブルも見事に解決してくれる。但し汗染みを放置して変色した場合は、ケアが難しいケースが多いようだ。

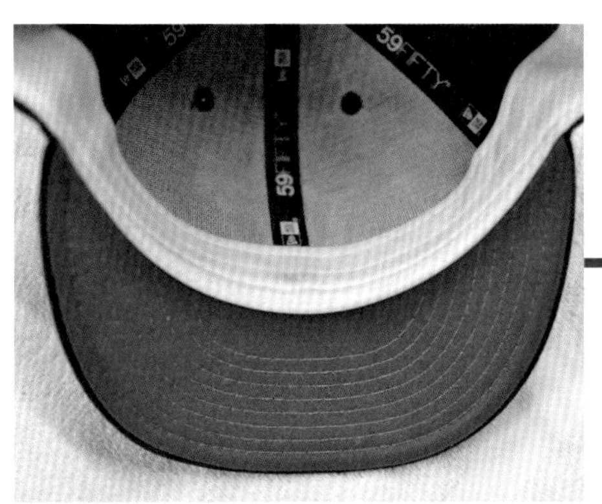

**CASE 02：**
**ライニングの汚れ**

近年のコラボモデルでは、ホワイトのライニングを使用したプロダクトが少なくない。少しの汚れでも目立つ厄介なトラブルが、ピュアホワイトに仕上がっている。汗だけでなくファンデーションの汚れも同様のケアが可能だそうだ。

**CASE 03：**
**カビ落し**

放置していたブラックのNEW ERAが何となく白くモヤモヤしていたら、カビが生えている可能性がある。他のカラーでもカビは発生するが、ブラックのNEW ERAでは特に目立つのだ。このトラブルの解決は専門店を頼るのが得策だろう。

**CASE 04：**
**シール跡**

バイザーに残ったシール跡も、クリーニングを施して周囲の生地をキレイにすると目立たなくなるケースが確認されている。これ以上のケアを望むなら生地の色揚げが必要になるので、専門店に相談する所から始めよう。

# Voice NEW ERA洗いの職人

## コレクターの無理難題と向き合い続ける 洗いのプロフェッショナル

ライナー部分に縫い付けられた洗濯表示がオールNG表記のNEW ERAは、かつては“汚れたら捨てる”のが当たり前のアイテムだった。そうした状況はここ数年で劇的に変化を見せている。SNSを中心にNEW ERAのクリーニング情報が共有され、対応するクリーニング店が（徐々にではあるが）増えつつあるのだ。今回はSNS上でも特に知名度の高いNEW ERA対応クリーニング店のひとつ、神奈川県藤沢市の「洗い職人 柳屋クリーニング」を取材して、NEW ERAクリーニングの最前線と思い出深いエピソードを語って頂いた。

INFORMATION
洗い職人 柳屋クリーニング
神奈川県藤沢市葛原1146

問い合わせ用
LINEアカウント

公式Instagram
アカウント

NEW ERAファンにはお馴染みのYouTuber 朝岡周さんのチャンネルでは、柳屋クリーニングによるNEW ERA洗いの工程を紹介中。プロの仕事に興味があれば、こちらも併せて確認するのがオススメだ。

朝岡周とJB チャンネル
[NEW ERA] 禁断の丸洗い！？掃除や手入れが難しいNEW ERAのキャップを丸洗いで新品同様にしてくれる神店見つけました

ウチに限らず、帽子のクリーニングは特に珍しく無いんだよね。帽子は汗を吸うし目立つ汚れも付きやすい。我々から見たら洗わない方が不思議だよ。確かにNEW ERAの選択表示は水洗いもドライもNGになっているけど、少なくとも日本では家庭の洗濯を推奨しない意味であって、クリーニング屋に出すのがNGの意味じゃ無い。ただNEW ERAの中でも、最近依頼が急に増えている59FIFTYのクリーニングでは他の帽子とは異なる仕上げが必要だし、対応する設備や道具も準備しなきゃならない。だからNEW ERAのクリーニングを受け付けない店があるのも当然なんだよ。

ウチも早いうちからNEW ERAのクリーニングを受け付けていたけど、最初は他の帽子と同じように洗っていたんだ。もちろん汚れはきっちり落とすし、シールも剥がれないように作業する。硬い仕上げが好きなお客さんには強めに糊付けして仕上げて、「バリ硬」なんて呼ばれて喜ばれていたんだ。でも、ある時に「前部分の角度が新品状態とは違う」って言われたんだよ。そう聞かされるとプロ根性に火が付くと言うか、なんとか満足させたいって気持ちになっちゃう（笑）。だからNEW WRAに詳しい人たちと意見交換を重ねて、必要な道具を揃えていった。当時は「前部分の角度」調整に対応したアイロン台が世の中に存在していなかったので、知り合いの工場にオーダーで作ってもらった。満足のいくアイロン台が完成するまでに試作品を何度も作り直したけど、その工場のオーナーも職人気質でね。お互いが納得できるモノが出来上がるまで代金は請求されなかったよ。

それと「買った時と比べるとサイズがきつくなってる」とも度々聞いていた。汗が乾いてサイズが縮んだ事は直ぐに分かるけど、「なんとなくキツくなった」と言うオーダーに、なんとなく対応するのはダメだよね。だから、どれくらい縮んでいるかを数値化するために、帽子専門店が使うような「リングコンパス」って言う器具を使って、サイズ表記と実寸にどれくらいの差があるかを確認する。その後に帽子のサイズアップマシーンで調整しているんだよ。帽子のサイズアップマシーンを導入してるクリーニング屋もそんなに

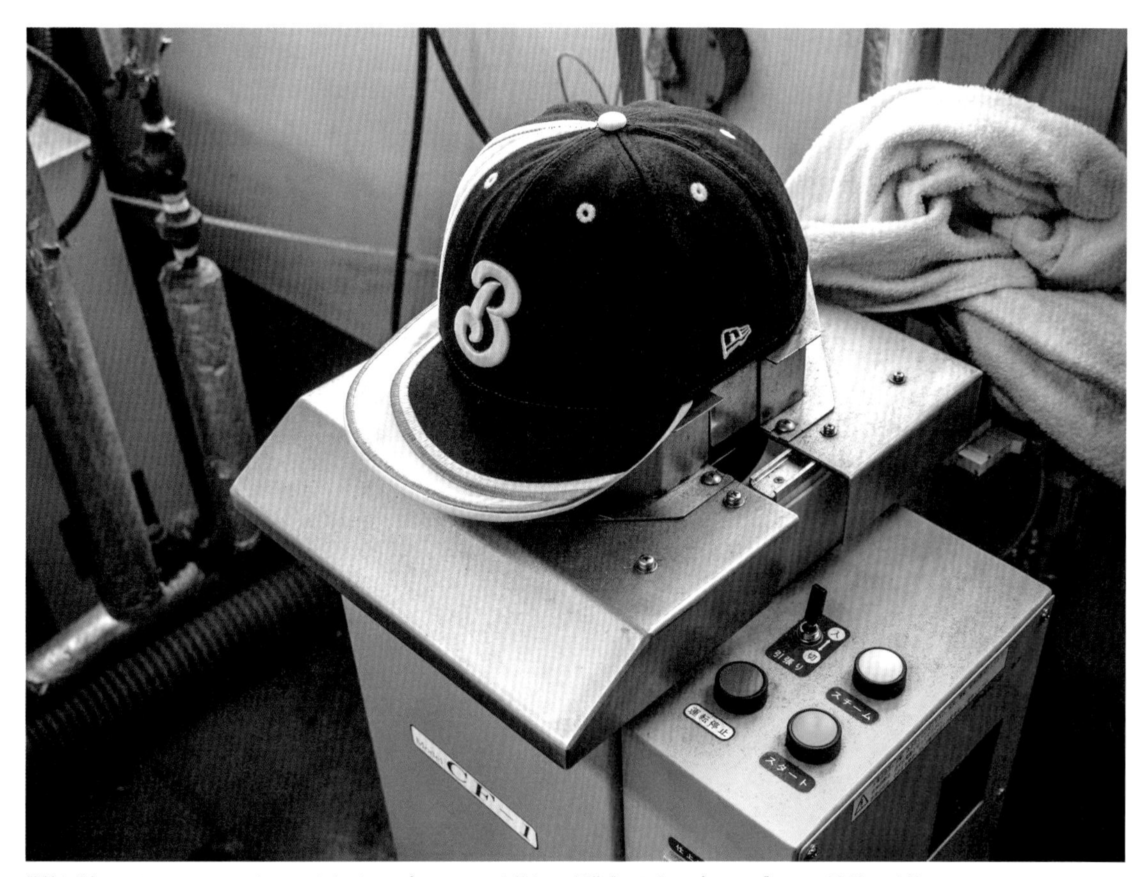


機械と蒸気のチカラでNEW ERAをはじめとするキャップのシルエットを整える、通称“サイズアップマシーン”。サイズ表記よりも縮んでしまったNEW ERAのリサイズに絶大な効果を発揮する。要望があれば新品のサイズアップ（1サイズほど）も有償で受け付けるものの、キャップのサイズ表記以上に伸ばしても、生地の特性から元のサイズに戻ってしまう事もあるので注意が必要だ。

# Voice NEW ERA洗いの職人

多くは無いかもだけどね（笑）。最近はサイズアップの要望も多いんだけど、縮んだサイズを元に戻す作業では思い通りに仕上がるけど、新品をサイズ表記以上に伸ばす作業だと一旦はサイズアップに成功するんだけど、徐々に元のサイズに戻っていくケースがあるんだ。ウチとしてもクリーニング業界としても、59FIFTYに特化した洗いはまだまだ歴史が浅い部分があるから、事例を重ねて情報を共有して、分かりやすいメニューに育てていかないとだね。

59FIFTYをクリーニングに出す人はコダワリの強い人が多いから、色々と苦労するよ。最近は店への持ち込みだけじゃなく、宅配便を使った依頼も増えてる。常連さんは分かってオーダーしてくれるけど、初めてのお客さんだと仕上がり条件をちゃんと伝えたつもりでも、「思ってたのと違った」と言われる事もある。クリーニングはお気に入りを快適に被れるようにメンテナンスするのが目的で、新品状態に戻す作業じゃない。もちろん新品で購入した時の思い出が色褪せないように、出来る限りコンディションを復活させるけどね。希望があれば色揚げもするし、撥水加工にも対応してる。こう言うと怒られちゃうかもだけど、完璧な新品状態を求めてるのならクリーニング代や送料を払わずに新品を買えば良いと思うんだよ。無理なオーダーもウチへの期待の現れなので喜ばなくちゃいけないかもだけど、新品と中古には差が出て当たり前なのは理解して欲しいかな。

正直NEW ERAが好きな人の要望に応えるのは大変で、割に合わないなって思う事も少なくない（笑）。でも「NEW ERAのクリーニングが出来ます」って言い続けて、設備を整えて良かったって思う事も、同じくらいあるから止められないんだよ。先日も古着屋でNEW ERAを購入した学生さんがやってきて、「これも洗えますか?」ってオーダーしてくれたんだ。聞くと憧れていたNEW ERAみたいなんだけど、新品を買うのは小遣いが足りなくて、古着で購入したみたいなんだよ。持ち込まれたNEW ERAは汚れも酷くて型崩れもしてたんだけど、洗い上がりを渡したら本当に喜んでくれてね。礼儀正しく頭を深々と下げて、その場で被って帰って行ったんだ。NEW ERAを洗ってて本当に良かったと思ったよ（笑）。

ウチみたいなクリーニング屋が言う事じゃないけど、洗濯表示の件もあるし、メーカーさんの立場だと「洗わずに新品を買って欲しい」と言うのが正しいのかもしれないね。だけど捨てるしか無かった「汚れたNEW ERA」を再生してあげれば、小遣いが限られる学生も楽しめる趣味としても広まると思うんだ。さっき話した学生さんの笑顔には嘘は無かったよ。そうした経験を経た学生さんは、大人になって給料を手にした時に、新品を買うNEW ERAファンになる可能性が高いと思う。それと今の時代は安易にモノを捨てる事はカッコ良くないと言われてるし、そうした生活を大切にする人も増えている。小遣い問題だけの話だけじゃなく、以前の常識よりもNEW ERAの寿命を延ばして楽しむのは現代的と言えると思うんだ。色々話しちゃったけど、現実的にはウチでも出来る事、出来ない事はある。だけどLINEにもNEW ERAクリーニングの相談を受け付けるトークルームを用意しているので、困った事があったら先ずは頼って欲しいね。

クリーニングが終わり、オーナーの元へと出荷を待つNEW ERAたち。その仕上がりに対する評価がSNS上の口コミで広がり、オーダーの数だけでなく、プレミア性の高いコラボアイテムや数の少ないレアモデルの依頼が増えているそうだ。取材時の斎藤さんは、ヴィンテージモデルは別として、素材が同じであれば通常アイテムもレアモデルも等しく適切な方法で対応すると語っていた。

## 洗いの職人×NEW ERA

海外のYouTubeチャンネルでも時折NEW ERAのクリーニング方法が紹介されているが、その多くは自宅での洗濯や、ケアグッズの紹介が殆どだ。クリーニング専門店の職人が、59FIFTYや9FIFTYファンの要望に応え、プロダクトに特化したサービスを提供しているのは、恐らく世界中で日本のみだろう。NEW ERA人気の盛り上がりに対し、クリーニング専門店のキャパシティが圧倒的に足りておらず、納品までにかなりの時間を要する場合があるものの、今後はそうした状況も徐々に改善されるだろう。

NEW ERAを楽しむ法則 50/59

# OFFSTAGE／職人を支える舞台裏

## 職人を舞台裏で支えるのも職人だった
## NEW ERAクリーニングを進化させた秘密兵器

Instagramを中心とするSNSを介して、徐々に知られるようになった専門店のNEW ERAクリーニング。ただ洗い上がり時のクラウンは全体的に丸みを帯びたシルエットとなる事も多いようで、59FIFTYや9FIFTYで見られる、フロントパネルが立ち上がるディテールを再現可能なクリーニング店は今のところ限られているようだ。こうした"シルエットの違い"がどこで生じるかと言えば、仕上げのアイロン掛けを行う工程である。クリーニング店ではアイロン掛けを行う際に、"馬（うま）"と呼ばれる専用のアイロン台を使用している。ところが既存の帽子用"馬"には半球状のタイプしか存在せず、前後で角度を変えた仕上げには対応できないのだ。キャップの内側に詰め物を施せば整形出来るのかもしれないが、数をこなす必要があるプロショップの仕事としては現実的では無い。59FIFTYファンのニーズに応えるには前後で角度が異なる"馬"を作り起こす必要があり、その実現には専門の職人だけが有する経験が必要となる。

世界でも初となる59FIFTYのシルエットに対応するアイロン台"馬"を製作したのは、千葉県浦安市の金子製作株式会社。国内で唯一となるプロ仕様の"馬"を製作可能な工場だ。その製作現場を取材させて頂くにあたり、馬の内部構造も紹介して大丈夫かと尋ねたところ、「真似しても採算が取れないので問題ない」と快く応じて頂いた。

"馬"の構造はアイロン台とスタンド（土台）に分かれ、クリーニングの仕上げ工程ではアイロン台の形状が大きく影響する。このアイロン台では最初に金属板を放射状に溶接し、職人が手作業で角度を調節。さらに金属製のネットと綿で形を整え、ブラックとグレーを組み合わせた布地を被せている。文字にするとシンプルだが金属板の角度調整は勘に頼る部分が大きく、文字通りの職人技だ。スタンドを製作する光景はイメージ通りの"工場"そのもので、金属パーツの溶接時に飛び散る火花が美しかった。こうした職人の技術に支えられ、NEW ERAクリーニングが進化を続けているのである。

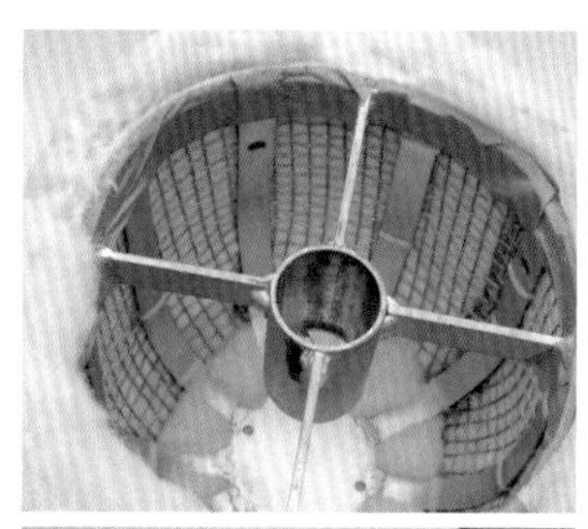

今回取材させて頂いた金子製作株式会社代表取締役の金子幸男さん。特定のキャップに対応させた"馬"製作の経験はなく、キャップ前後の形状に合わせる調整は非常に困難だったと話してくれた。

※金子製作株式会は一般からのオーダー及び製作は行っていません。工場への問い合わせ等はくれぐれもご遠慮ください。

## 町工場が支えるNEW ERAカルチャー

1台の仕上げ用アイロン台を製作するために必要なパイプの切断と曲げ、溶接、塗装、そして綿を詰める工程のそれぞれを、熟練した職人の手で作業を行っていく。大量生産され、製造工程の効率化が求められる商材でも無く、今後も複数の職人が黙々と作業を続けていくのだろう。その後ろ姿は思わず見とれてしまう程の格好の良さだった。

# 第4章 ...and OT

## NEW ERAカルチャーと関わりの深い様々な事

OFFICIALLY LICENSED
COLLECTOR PIN
HOMEGAME
SCG7597955
OR PIN
WINCRAFT
by Fanatics
LAKERS
NBA
HER

# PINS／ピンズ

## NEW ERAとの相性が抜群なPINSで手軽に特別感を演出しよう

Instagramを中心に注目度を上昇させている、NEW ERAをPINS（ピンズ）を用いてカスタムして楽しむスタイル。海外のファッショニスタがSNSにポストしたスナップ画像がフックとなったムーブメントだ。その盛り上がりにはNEW ERAも反応し、近年ではPINS付きの59FIFTYを度々リリースするだけでなく、2023年5月9日の“59FIFTY DAY”にはフラッグロゴに合わせた形状のPINSを発売している。PINSは古くはヨーロッパで親しまれていたコレクターズアイテムで、米国ではニューヨーク州のレイク・プラシッドで冬季オリンピックが開催された際に様々なデザインの記念PINSが発売され、人気に火が付いたと伝えられている。その北米での人気に目を付けたのがコカ・コーラだ。コカ・コーラは1984年のロサンゼルスオリンピックに合わせてコラボデザインのPINSを製作し、プロモーションに活用したのである。2004年のアテネオリンピック開催時には、国内でもコカ・コーラのPINSが流通した事を覚えている人も居るだろう。

また2002年にカネボウフーズが発売した食玩の“メジャーリーグ ベースボールガム”には、MLBデザインのPINSが同梱されていた。その記憶もあり、大人世代はPINSに懐かしさを覚えるものだが、若い世代のNEW ERAファンには新鮮なアクセサリーと歓迎されているのが面白い。ちなみに多くのPINSには金属製のキャッチ（留め具）が使用されているので、そのままだと被った際に髪が絡まるリスクがある。お気に入りのPINSをNEW ERAに取り付ける際には、amazon等で購入可能なゴム製のキャッチに変更するのがお勧めだ。近年ではカスタムキャップの代名詞とも言える米国の“HAT CLUB”をはじめ、別注モデルをリリースするショップがオリジナルデザインのPINSを発売するケースも珍しくない。NEW ERAのPINSカスタムに興味を持ちつつも、キャップとPINSの組み合わせに不安を感じている人がいるならば、カスタムキャップを手掛けたショップのPINSを組み合わせる所からスタートすると良いだろう。

**Coca-Cola**
**ATHENS OLYMPICS COLLECTION**
2004年のアテネオリンピックに合わせてコカ・コーラがデザインしたPINS。重量挙げやロードレースなど競技をデザインに落とし込んだPINSも製作された。

**KANEBO FOODS**
**MAJOR LEAGUE BASEBALL GUM**
MLBチームのPINSをオマケにして一世を風靡したメジャーリーグ ベースボールガム。キャップモチーフの他、バッターマンをデザインしたPINSもラインナップしていた。

**SELECT SHOP ORIGINAL**
カスタムキャップに強いセレクトショップでは、NEW ERAと相性の良いPINSをリリースするケースも少なくない。キャップ購入時の思い出が甦るとファンからも好評だ。

## ベンチレーションホールのPINSカスタム

ごく一部のデザインを除き、PINSを取り付ける位置や数のルールは存在せず、個人のセンスが問われる所だ。またPINSの針で生地に穴が空く事に抵抗があれば、フロントパネルのベンチレーションホールに取り付けるのがお勧めだ。特に59FIFTYや9FIFTY等のフロントパネルが立ち上がったモデルでは、キャッチが頭に触れる事も無く、快適にNEW ERAを被れるだろう。

# FAKE RISK／フェイク対策

## 二次市場で人気モデルを手にする際は 偽物の可能性も頭に入れるべき

ジャンルを問わず愛好家を悩ませるフェイク（偽物）問題はNEW ERAでも他人事ではなく、国内でも決して少なくない数のフェイクが確認されている。そのフェイクにも出来不出来があり、正規品のように見える個体の存在は厄介だ。但しフェイクは出来が良くても見る人が見ればバレるもの。お気に入りのNEW ERAがフェイクだと指摘される経験を避ける為にも、真贋については意識すべきだろう。言うまでも無く、NEW ERAの直営店や正規販売店で購入すればフェイクリスクは回避できる。それでも並行輸入品や個人売買で魅力的なNEW ERAが流通している以上、そうしたマーケットを無視出来ないのもコレクターの本音だ。特にネットオークションやフリマアプリでは、出品側がフェイクと認識していないケースも少なくない。本物のつもりで書いた説明文と限られた画像のみで、真贋を判断するのは困難を極めるだろう。特に即完売した人気モデルを、繰り返し低価格で出品し続けるアカウントには警戒を怠るべきではない。

また実店舗に並ぶ並行輸入品でも注意が必要なケースが存在する。並行輸入品の仕入れ方法には大きく分けて2種があり、ショップのバイヤーが現地（NEW ERAの場合は主に北米）で買い付けるケースと、並行輸入業者から仕入れるルートが存在する。その並行輸入業者の一部がフェイクを扱っているのだ。悪質業者の取り扱い品目はアパレルからスニーカーまで多岐にわたり、1990年代から摘発と復活を繰り返しながら今も活動を続けている。さらに並行輸入業者から商品を仕入れる店舗は複数の業者を利用するケースが多く、店頭にリアル（本物）とフェイクが混在するのも紛らわしい。この状況を問題視するNEW ERA側でも、2023年より59FIFTYのライニングに、スタイルコードを記したタグを追加するなど、新たな対策をスタートさせている。いずれフェイクを製造する工場でもタグを追加するのだろうが、正しいスタイルコードをコピーするには労力を必要とするので、一定の抑止力を発揮する事に期待したい。

国内外を問わず2023年以降に発売された新作のNEW ERAには、モデル毎に個別に割り振られるスタイルコードを記した白タグが縫い付けられている。この原稿を書いている2023年6月現在では、2022年以前に生産・出荷された正規品のNEW ERAも店頭に並んでいるので、白タグの有無が真贋の証明になるとまでは言えないものの、今後リリースされる新作モデルであれば、その有無が真贋を見分けるひとつの根拠となるに違いない。

## どちらがFAKEなのか分かるだろうか？

どちらも同じ59FIFTYの“Needles（ニードルズ）”に見えるかもしれないが、向かって左がNEPENTHES（ネペンテス）で購入した正規品で、右がリセールマーケットで見つけたFAKEだ。このFAKE品はキャップ自体の出来が悪い粗悪品で、生地に触れただけで偽物である事が分かる程だ。但しSupremeのBOXロゴの59FIFTY等には精巧に真似たFAKEも出回っているので、比較する本物が横に無ければ店頭で見破る事は難しいかもしれない。

NEW ERAを楽しむ法則 53/59

# PERSONAL CUSTOM／パーソナルカスタム

## 自分だけのNEW ERAを パーソナルカスタムで楽しむ

2023年6月現在では一部のNEW ERA直営店にて、購入した59FIFTYにワッペンを圧着するカスタムサービスを実施している。ワッペンはアルファベットと数字から2文字を選ぶ事が可能で、MLBモデルの59FIFTYであれば、お気に入りの選手が背負うナンバリングを落とし込む事ができる。恐らくロサンゼルス・エンゼルスのオンフィールドキャップに“17”のワッペンを追加したファンも居ただろう。こうした既製品にディテールを追加する“パーソナルカスタム”は、北米のNEW ERAシーンでは広く普及している。さらに商品の購入時に、その場でオリジナルの刺繍を入れてくれるキャップ専門店もあるようだ。更にはインラインモデルや限定モデルの59FIFTYに、オリジナルの刺繍を施す“アーティスト”も登場している。ショップ別注の59FIFTY等も“カスタムキャップ”と呼ばれるので少々ややこしいが、他の誰とも異なる特別な59FIFTYを被りたいのであれば、パーソナルカスタムを施したNEW ERAは魅力的な選択肢だろう。

こうしたパーソナルカスタムが注目すべきムーブメントなのは間違いないが、その一方で行儀の悪い振る舞いも報告されているので、注意喚起の意味を込めて触れておこう。冒頭で記したエンゼルスの59FIFTYに“17”のワッペンを追加し、個人で楽しむのは素晴らしいカルチャーだ。ただパーソナルカスタム品である事を隠し、“大谷翔平選手とNEW ERAのコラボモデル”として他のNEW ERAファンに販売する行為は慎むべきだ。NEW ERAとMLBの間には厳しい契約が交わされており、一般ユーザーが踏み込んで良い領域ではない。MLBモデルの59FIFTYに実在のブランドのロゴを刺繍して、トリプルコラボとして販売する行為は著作権法に抵触する可能性も否定できないのだ。参考までに、フロントパネルに後入れでロゴを刺繍した場合は、内面のロゴの糸が露出するので簡単に見分けられる。海外のようなパーソナルカスタム文化を育てる意味でも、購入後の59FIFTYでも守るべきルールは守らなくてはならない。

横浜のイベント会場でセントルイス・カージナルスのカスタムキャップに、SAMPLESのロゴを後入れ刺繍した“パーソナルカスタム”の59FIFTY。文字に起こすとなんともややこしい。59FIFTYの生産工程ではフロントパネルに刺繍を施した後に芯材を取り付けるので、オフィシャルで入れたロゴの糸が内側に露出しない特徴がある。ここで紹介したパーソナルカスタムのように、フロントパネルに刺繍糸が露出する59FIFTYは、出荷された後に刺繍を追加した事実を物語っている。後入れ刺繍は個人で楽しむカルチャーであり、これをSAMPLESのコラボモデルとして転売する行為はNEW ERAだけでなく、ブランドにも迷惑を掛けるので絶対に慎まなければならない。

## ヴィンテージモデルに見る後入れ刺繍の歴史

前項では後入れ刺繍した59FIFTYを正規品として扱う事の罪を説いたが、それは新しいモデルのNEW ERAでの話であり、ヴィンテージモデルでは少々話が異なってくる。具体的に何年までと示す資料は無いのだが、過去のNEW ERA市場では無地のキャップをチームや団体がまとめて購入し、そのロゴを後入れで刺繍するケースが珍しくなかったのである。海外のファンコミュニティでは、そうしたキャップを公認グッズとして販売していた歴史も語り継がれており、ヴィンテージ世代の後入れ刺繍カスタム品を、現代の“なりすましコラボ”と同等に扱うのも違う気がする。

ここで紹介する1998年前後に生産されたNEW ERAは、米国アンパイア協会のエンブレムが刺繍されている。エンブレムの刺繍糸がクラウンの内側に露出するディテールは、無地のNEW ERAを購入した後に、後入れ刺繍を施した事実の証明だ。恐らくカスタム刺繍サービスを提供する、当時のユニフォーム店に注文したキャップなのだろう。このようなモデルは希少価値で評価するものではなく、ニューエラ史を知る上での資料として楽しむもの。P.022でも紹介したようにヴィンテージ系のNEW ERAにはロゴを後入れしたモデルも多く、コレクションジャンルにもなり得る存在だ。

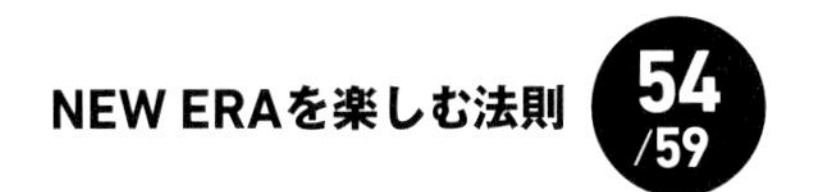


# RARE DETAIL／レアディテール

## NBAチームのリーボックコラボはあらゆるディテールが常識外れ

世界中のファッショニスタが憧れるハイブランドとのコラボモデルやイベント会場限定発売モデルなど、レアモデルと呼ばれる59FIFTYの定義は人それぞれで、その優劣を語るつもりも毛頭ない。但しジャンル別の"レア度認定"はコミュニティ内で盛り上がる鉄板テーマのひとつであり、そうした話題を楽しむのもコレクターの嗜みだろう。それではここでお題をひとつ。これまでに発売されて来た59FIFTYの中で、他のモデルには無いレアディテールが盛り込まれたアイテムと言えば何だろうか。話題性を重視して筆者の手持ちから選ぶなら、クラウンやバイザーに穴（メテオホール）をあけた"off-white"とのコラボモデルが妥当なのだろう。だが筆者が断然オススメしたいのは、2000年代前半に発売されたReebokコラボのNBAモデルだ。ReebokがNBAとユニフォームサプライヤー契約を締結していた時代の59FIFTYで、ここで紹介するアトランタ・ホークスだけでなく、当時は全NBAチームのバリエーションが展開されていた。

このReebokコラボを構成するディテールが、いちいちNEW ERAの常識から外れている。先ずライニングやインナーテープにNEW ERAのロゴが見当たらないのだ。ライニングに縫い付けられているのは、ReebokのブランドタグとNBAのタグのみ。その仕様からNEW ERAとのコラボではなく、Reebokのオリジナルのように見えるだろうが、なんとバイザーには"NEW ERA 59FIFTY"と記されたサイズシールが貼られている。もちろん他のキャップから貼り換えたのではなく、同シリーズのアイテム全てに59FIFTYのサイズシールが貼られていたのだ。そしてフロントのチームロゴもキャップを製造した後に刺繍したようで、フロントパネルの裏に糸が露出している。この時代の正規品ではあり得ないディテールと言わざるを得ない。細かい部分では、洗濯表示がドライクリーニングのみOKになっているのも付け加えておこう。ここまで例外的な59FIFTYは他には無く、当時はOEM（委託）生産されたReebokの正規品扱いだった可能性もある。

この59FIFTYに貼られているサイズシールは、比較的剥がれやすい旧世代の紙ステッカーなので、リセールマーケットに流通している個体では剥がれている場合もあるだろう。その場合、このデザインのキャップがNEW ERAとの隠れコラボである事実を知らなければ、59FIFTYと認識するのは難しいに違いない。リセールショップでもコレクターズアイテムと認知されていない場合が多く、かなりお手頃な価格で売られているので探してみる価値はあるだろう。

## 59FIFTYファミリーの異端児

ReebokとNEW ERAによる隠れコラボのNBAモデルの特徴のひとつには、フロントパネルの両端のカラーが切り返されている点があげられる。色違いの部分は別パーツで仕立てられているので、クラウンに使用されるパネルの枚数が他の59FIFTYに準ずる6枚ではなく、8枚で構成されているのだ。MADE IN USAのウール生地なのはこの世代に生産された59FIFTYのスタンダードではあるものの、それ以外は異端と表現すべきディテールばかりである。

# CHARACTER／日本のキャラクターモデル

## 身近なキャラクターのNEW ERAも 海外のファンにとってはレアモデル

NEW ERAのベースボールキャップは世界中のスポーツシーンのマストアイテム。但し熱狂的なコレクターが多い国は限定される印象が強い。SNS上のリサーチなので確度は低いかもしれないが、NEW ERAがコレクターズアイテムとしても注目されている国は日本に加え、カナダを含む北米、そして韓国とメキシコが突出しているように見える。いずれも野球（ベースボール）人口が多い国であり、そうした背景がベースボールキャップへの関心度を高めているのだろう。特にメキシコのNEW ERAフリークの熱狂ぶりは素晴らしい。WBCメキシコ代表モデルの人気の高さは言わずもがな、LMBと表記されるメキシカンリーグのNEW ERAや、そのカスタムキャップの充実ぶりは羨ましい限りだ。そうした感覚はメキシコのNEW ERAファンも等しく抱いているようで、YouTubeで公開されているメキシコのNEW ERAコレクターを紹介する動画では、南海ホークスのロゴを復刻した59FIFTYを"入手困難なお気に入り"として推していた。

キャラクタービジネスの先進国である日本だけに、国内ではデザイン性に優れるキャラクター系のコラボモデルがリリースされている。海外のNEW ERAファンからは、そうしたキャラクター系も注目を集めているようだ。このカテゴリーではシンプルにタイトルロゴを落とし込むデザインから、キャラクターの個性を反映し、作品のファンの琴線に触れるモデルまで実に多彩なラインナップが展開されている。例えばここで紹介するロボットのような59FIFTYは、『キン肉マン』に登場する超人がテーマ。カセットテープによる音響攻撃がキモとなるキャラクターで、ヘッドホンを装着した頭部のデザインをそのままNEW ERAに落とし込んでいる。ミュージックカルチャーとの関係性の深い、NEW ERAに相応しいキャラクターコラボの代表格と評しても過言では無い完成度だ。こうしたNEW ERAは国内のファンの手に渡って完売となるケースも多く、海外のファンからは入手難易度が高く、希少価値に溢れるコレクターズアイテムとして認知されている。

**NEW ERA 59FIFTY**
**キン肉マン　ステカセキング**

NEW ERAの世界観との相性もバツグンな超人をテーマにしたコラボモデル。キャラクターデザインを継承してヘッドホンをデザインしたクラウンが特徴で、作品のファンだけでなく、DJからも注目を集めたプロダクトである。

**NEW ERA 9FIFTY**
**鬼滅の刃　我妻善逸**

『鬼滅の刃』人気がピークを迎えていたタイミングでリリースされた、作品の世界観をデザインに反映した話題作。キャップ専門店だけでなく高速道路のSAでも販売されたアイテムで、買って欲しいとねだる子供の姿を良く見かけたものだ。

**NEW ERA 9FIFTY**
**ROOKIES　二子玉川学園**

一見すると実在する野球チームモデルのような59FIFTYは、週刊少年ジャンプで連載され、その後にドラマや映画化された『ROOKIES』とのコラボモデル。この他にもタイトルロゴをデザインしたバリエーションも発売された。

## 日本はキャラクター文化のパラダイス

アニメやコミックのキャラクターとコラボしたNEW ERAは日本だけのものではなく、北米を中心に、海外でも多数のモデルが発売されている。MARVELやSTAR WARSとのコラボNEW ERAは日本のファンにもお馴染みだろう。ただ国内のキャラクターコラボには、作品のファンで無ければ良さが分からない“マニア基準”と言うべきバリエーションも少なくない。そうした世界観の再現やディテールへのコダワリが、コレクターの物欲を刺激するのである。キャラクター系のNEW ERAをコレクション対象にするファンにとっては、日本のNEW ERAマーケットは天国なのだろう。

# BRIM ART／ブリムのデザイン

## ベースボールキャップのつば裏は自由なアートキャンバス

アンダーバイザーや“つば裏”とも呼ばれるベースボールキャップのブリムは、被った際の主張は控えめであるけれど、熱心なファンであれば、NEW ERA史に強く影響を与えるディテールである事実をご存知だろう。グレーのブリムはMLBのオンフィールドキャップの象徴で、アメリカンスポーツの空気が感じ取れる。また濃いグリーンに染まるブリムは過去のMLBに採用されていた歴史があり、古着ファンから絶大な支持を集めている。さらにストリートではカラフルな“カラードブリム”がコーディネートにアクセントを演出。P.056に掲載した朝岡周さんへのインタビューの中でもピンクブリムと呼ばれるバリエーションが、世界的なカスタムキャップ人気に火をつけた歴史に触れている。とは言え冒頭で記した通り、クラウンと比べればキャップデザインへの影響が少ないディテールなのは事実だろう。その特性を逆手にとって、コラボモデルの59FIFTYには、アートと表現したくなる大胆なデザインを採用したモデルもリリースされている。

ブリムのデザインで特別な個性を演出し、日本のNEW ERAカルチャーとの関係性が深いモデルに、千葉ロッテマリーンズの59FIFTYがある。1995年から継承される同チームの“M”ロゴはNPBモデルとしては特にスタイリッシュ。その仕上がりからストリートシーンでの需要も高いのか、選手着用仕様を再現した“プロコレ”版だけでなく、カジュアルダウンした多数のバリエーションモデルがリリースされて来た。そうしたカジュアルダウン版のNEW ERAの一部に、自由過ぎるデザインのブリムが搭載されている。象徴的なテーマが“食べ物”で、運営母体のロッテが発売する菓子に加え、ZOZOマリンスタジアムで人気のフードの意匠が再現されている。NEW ERA好き同士が集まった際には、会話の“掴み”としても活躍してくれるだろう。2023年時点の千葉ロッテマリーンズは他のキャップブランドと契約しているので、新たな59FIFTYのリリースは望めない。その他には無い個性が気になる人は、リセールマーケットで探してみよう。

生粋のベイスターズファンである筆者はMLBモデルの59FIFTYを被る事に全く抵抗は無いものの、同じNPBチームであるマリーンズのキャップを被る事は現実的に難しい。但し“M”ロゴ仕様の59FIFTYからは、NPBモデル屈指のスタイリッシュ性が感じられるので、ついついコレクションしているのが正直なところ。特にマリーンズの“食べ物”シリーズはコレクターズアイテムとしてもシンプルに魅力的だ。過去に発売されたクールミントガムの59FIFTYのマイサイズを今も探している。

**NEW ERA 59FIFTY**
**千葉ロッテマリーンズ　ガーナ**

明るいレッドとゴールドの組み合わせは、ロッテ“ガーナ”チョコレートのパッケージをサンプリングしたカラーブロックだ。注目のブリムには食べかけのチョコレートがデザインされ、グレーに染まるチョコレートの背景にも小さな“LOTTE”が敷き詰められている辺りにも、デザイナーのコダワリが感じられるだろう。

**NEW ERA 59FIFTY**
**千葉ロッテマリーンズ　ブラックブラック**

ブラックの59FIFTYに赤い“ロゴ”を落とし込み、スターマークを添えた“ブラックブラック”ガム仕様のバリエーション。画像では伝わりにくいが、ブリムのベースカラーは光沢感のあるクロームシルバーで、その全体にロゴを刺繍している。クラウンの落ち着いたルックスからは想像もできない個性派モデルと言えそうだ。

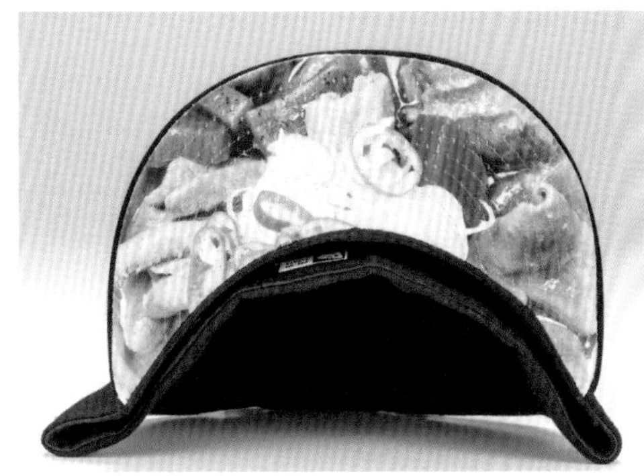

**NEW ERA 59FIFTY**
**千葉ロッテマリーンズ　もつ煮**

ZOZOマリンスタジアム名物として親しまれる“もつ煮”をデザインした、恐らく世界で唯一の59FIFTYだ。2017年のホーム開幕戦に合わせて企画されたプロダクトで、フロントパネルに刺繍された“M”ロゴも、どことなく“もつ煮”を連想させるカラーに仕立てた、球団ファン密着型の別注モデルなのである。

NEW ERAを楽しむ法則 57/59

# MARKET／売れ筋モデルの真相

## 発売直後に完売していない ヤンキースモデルの人気は本当か?

ここまで何度も繰り返している通り、59FIFTYに限らず、NEW ERAのベースボールキャップの王道チームはMLBのニューヨーク・ヤンキースだ。SupremeやKITHが提案するコラボモデルにセレクトされるチームで最も多いのがヤンキースである事実も、その正当性を裏付けるものだろう。ただ、最近になってNEW ERAに興味を持った層から見れば、話題性の高い59FIFTYが発売された際にヤンキースが売れ残り、エンゼルスやパドレスが完売している状況から、ヤンキースを王道として讃える空気に違和感を覚えるかもしれない。NEW ERAと切っても切り離せないアイテムの代表であるスニーカーの世界では、発売後に完売するか否かが人気のバロメータのひとつ。NIKEの限定モデルを販売するSNKRSアプリでは、多くのモデルが発売後に即完売し、リセールマーケットでの反応が薄ければ返品やキャンセルが相次ぎ、SNKRSの在庫がリストック（復活）するサイクルが当たり前になっているのはご存知の通りである。

筆者から見れば歪（いびつ）なマーケットにしか見えないものの、若い世代のファッショニスタにはそうした状況こそが日常だ。その現実から目を逸らし、頭ごなしに否定しても何も変わらない。話題をNEW ERAに戻すと、ヤンキースが発売即完売に至らない理由は、流通する数が他チームよりも多いからに他ならない。店頭に足を運んだ際に、他のチームよりもヤンキースの在庫が充実している光景を目にする機会もあるだろう。さらに補足すると、販売数が限定された本革仕様の59FIFTY “59FIFTY DAY New York Yankees” では、定価が1万9800円と高額設定だったにも関わらず、全ての在庫が一瞬で完売。慌てなくても買えると予想していた層を後悔させたのだ。数を絞れば完売するにも関わらず、店頭在庫を充実させている背景には、多くのファンに人気モデルを届けようとするNEW ERA側のスタンスもあるのだろう。上記の理由により、NEW ERAの購入時に、完売品かどうかを気にする必要は一切無いと断言する。

**NEW ERA 59FIFTY**
**59FIFTY DAY**
**New York Yankees**

2023年5月9日の“59FIFTY DAY”を記念して、定価1万9800円でリリースされた本革仕様のニューヨーク・ヤンキース。発売日には同仕様のブルックリン・ドジャースもラインナップしていたが、オンラインと実店舗共にヤンキースが早々に完売して、その人気の高さを改めて示したのだった。

## ニューヨーク発祥のブランドとヤンキース

通常販売されるインライン版だけでなく、コラボレーションモデルにとってもニューヨーク・ヤンキースは特別なMLBチームであり、そのロゴが落とし込まれたNEW ERAもスペシャルなベースボールキャップなのである。特にSupremeやKITH等のニューヨークにルーツを持つブランドでは、ヤンキースをベースにセレクトするのも当然の流れ。様々な文化が育まれるニューヨークの街は、今も昔もNEW ERAの本場なのである。

NEW ERA 59FIFTY
Supreme　New York Yankees "Kanji"

# FOLKLORE／都市伝説

## ファンの間で語り継がれる幻の59FIFTYを探せ

NEW ERAのお膝元である米国ではファンコミュニティも大いに盛り上がり、様々な情報がアーカイブ化されている。そうした情報の中には国内に裏付ける資料が無く、都市伝説のように感じてしまうテーマも含まれている。当地のファンにとっては周知の事実なのかもしれないが、興味を持ったテーマを自分なりに検証するのもコレクターの醍醐味だ。そうした都市伝説的テーマのひとつに“韓国企業が生産したMADE IN USAの59FIFTY”がある。1990年代前半のNEW ERAでは、急増するニーズに自社工場だけで対応するのが難しくなり、キャップ製造分野で高い評価を得ていた韓国の企業に、59FIFTYの製造の一部を委託する。ところが当時のMLBには“選手が着用するキャップは米国製しか認めない”とのルールが決められていたのだ。そのハードルを乗り越えるため、韓国の企業は米国に59FIFTYを生産する工場を作り、MADE IN USAのタグを付けて販売。その体制は1996年頃まで継続されたと伝えられている。

そしてここからが本題で、当時の韓国企業が生産した59FIFTYは一部のディテールが異なり、MADE IN USAのタグが縫い付けられていてもNEW ERA製造分と見分ける事が可能と言うのだ。具体的な違いはバイザーのシェイプ（形状）と天ボタンのサイズで、天ボタンはNEW ERAが製造した個体よりも、ひと周り大きいとの事。そうした情報に触れてしまうと実物を手にして、単なる噂話では無い事実を確認したくなるのがコレクターと言うもの。細かなディテールの違いは店頭や画像で判断するのは無理があるので、1990年前後に生産された59FIFTYを（予算が許す範囲で）手当たり次第に買い集め、ディテールの比較を繰り返したのである。そして2023年に入り、ようやく米国のファンコミュニティで共有されている、“韓国企業が生産したMADE IN USAの59FIFTY”の特徴に準じる個体を手に入れた。このテーマにどれだけの読者が反応するかは想像もできないが、次頁に比較情報を掲載したので、話のネタとして楽しんで頂きたい。

**NEW ERA 59FIFTY**
**Atlanta Braves**
**（VINTAGE）**

筆者がネットオークションにて3500円で落札したアトランタ・ブレーブス。画像で確認した限りでは一般的な1990年代前半のヴィンテージモデルに見えていたものの、実物を確認した瞬間に“天ボタンが大きい”事に気付いたのである。早速他のヴィンテージ系59FIFTYと比べると、様々なディテールで違いが確認できたのだ。

## 1990年代前半の韓国企業製59FIFTYは存在するのか？

**01 全体的なシルエットの比較**

今回の比較に使用したのは同じく1900年代前半に生産された、グリーンのチームカラーに染まるNFLフィラデルフィア・イーグルスのヴィンテージ59FIFTYだ。正面から見た際のクラウンの高さには目立った違いは無く、この角度で両モデルのディテール差を見つけるのは難しい。

**02 タグデザインの比較**

両モデルのライニングに縫い付けられていたブランドタグを比較すると、文字の色やタグの素材に違いが確認できる。但しタグのディテールは生産された年が1年違うだけで細部が異なるケースも珍しくないため、タグの違いが両モデルの違いを示しているとは言い切れない。

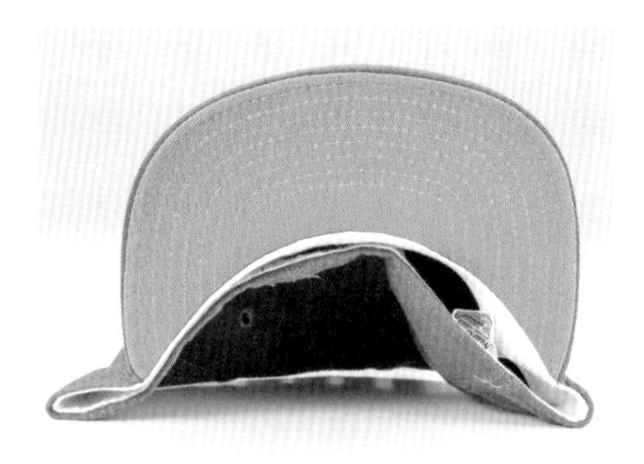

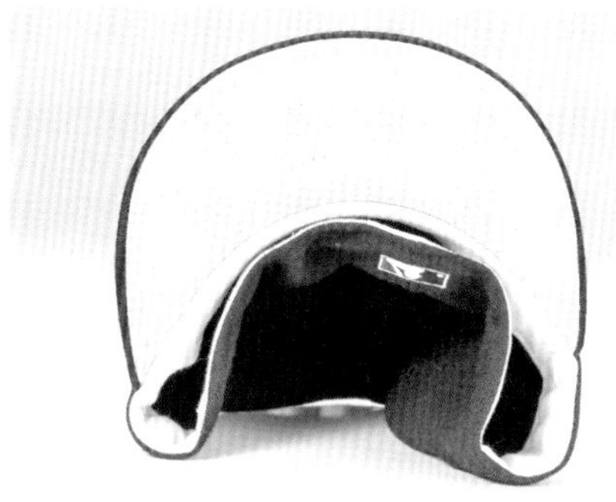

**03 バイザー形状の比較**

ファンコミュニティで指摘されていたバイザー形状の比較。イーグルスはやや長方形に近い、1990年代初期に生産された59FIFTYの特徴を示しているのに対し、ブレーブスのバイザーは全体的に丸みがあり、ひと回り大きく見える。これは韓国企業が生産した59FIFTYの特徴だ。

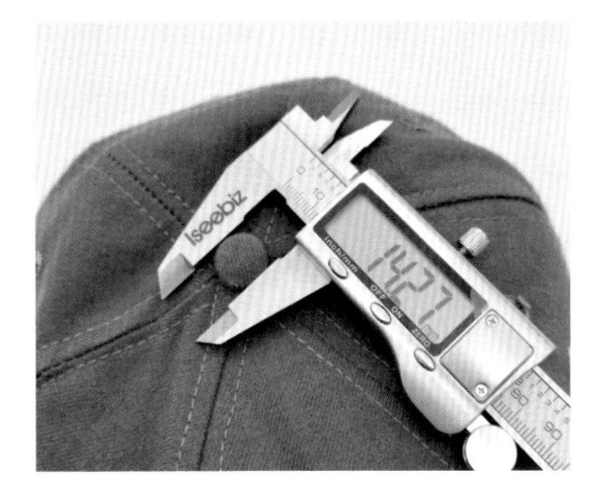

**04 天ボタンの比較**

デジタルノギスを使用して天ボタンの直径を計測した結果、両モデルには2.5mm以上の違いが確認できた。これはブレーブスが韓国企業が生産した59FIFTYと断言するに値する情報だろう。正体が判明しても希少価値が出る訳では無いが、コレクター的にはこの上ない満足感を得ることができたのである。

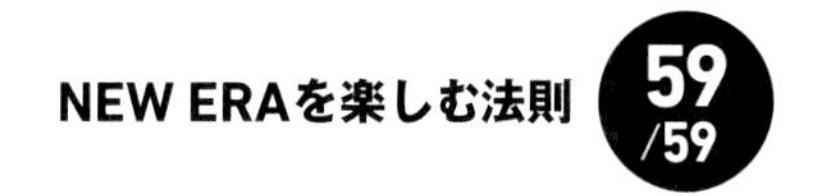


# STYLE SAMPLE／スタイルサンプル

## ファッショニスタに学ぶ NEW ERAスタイル

ストリートシーンにおけるNEW ERAの本質とは、いつものコーディネートにプラスアルファを生むヘッドウエアだ。それはコレクションするだけでなく、使いこなしてこそ本来の楽しさを享受できる事実を示している。知識があれば使いこなし術のアドバンテージになるのは間違いないが、肩ひじを張ることなく、お気に入りのウエアやスニーカーと合わせた時が最も楽しい“NEW ERA STYLE”なのだろう。

本企画の締めくくりには初心に帰る意味を込め、取材にご協力頂いたショップスタッフのスタイルサンプルを紹介する。さりげなさと個性を両立させたバランス感は、全てのNEW ERAファンにとってのヒントとなるに違いない。次の休日にはお気に入りのNEW ERAを被り、ストリートに出かけてみては如何だろう？

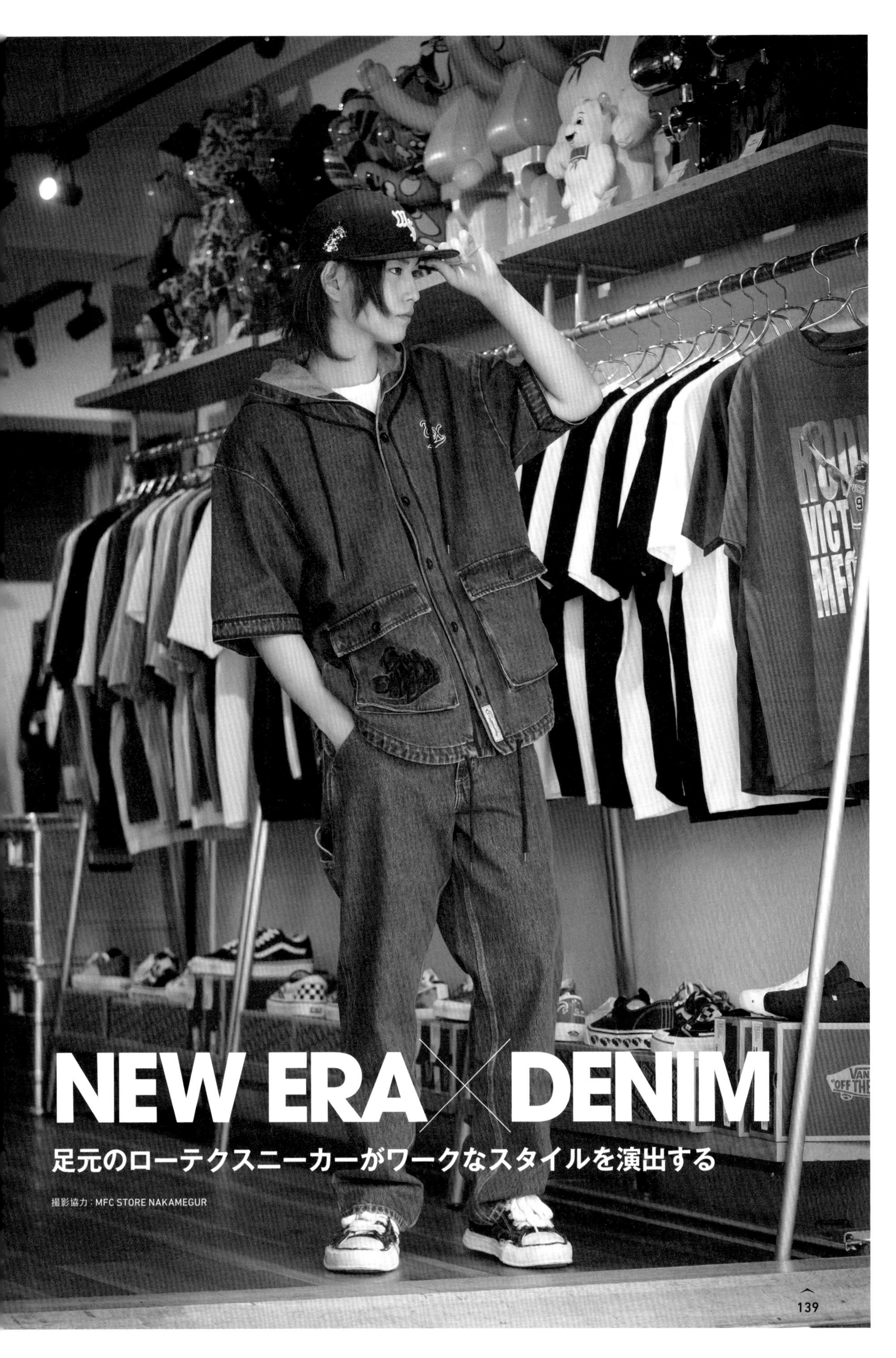

# NEW ERA × DENIM

## 足元のローテクスニーカーがワークなスタイルを演出する

撮影協力：MFC STORE NAKAMEGUR

# NEW ERA × JERSEY

## リーグのカテゴリーをフックさせるのがポイント

撮影協力：HOME GAME TOKYO

# NEW ERA × RAP TEE

## Tシャツのプリントで自身のプロフィールを暗に語る

撮影協力：HOME GAME TOKYO

# FOR ALL NEW ERA LOVERS

NEW ERA
JURASSIC PARK
JURASSIC PARK
Oishī
VANS

# NEW ERA STYLE
# ニューエラを楽しみ尽くす59の法則

2023年8月25日　初版第1刷発行

編・著　NEW ERA STYLE編集部

発行者　西川正伸
発行所　株式会社グラフィック社
〒102-0073
東京都千代田区九段北1-14-17
tel.03-3263-4318（代表）　03-3263-4579（編集）
fax.03-3263-5297
郵便振替　00130-6-114345
http://www.graphicsha.co.jp/
印刷・製本　図書印刷株式会社

DIRECTOR/WRITER　HIROSHI SATO
EDITOR　AKIRA SAKAMOTO
ASSISTANT DIRECTOR　TAKUMI SATO
PHOTOGRAPHER　KAZUSHIGE TAKASHIMA (COLORS)
DESIGN　EIJI KANEISHI

ISBN978-4-7661-3829-0　C2076
Printed in Japan